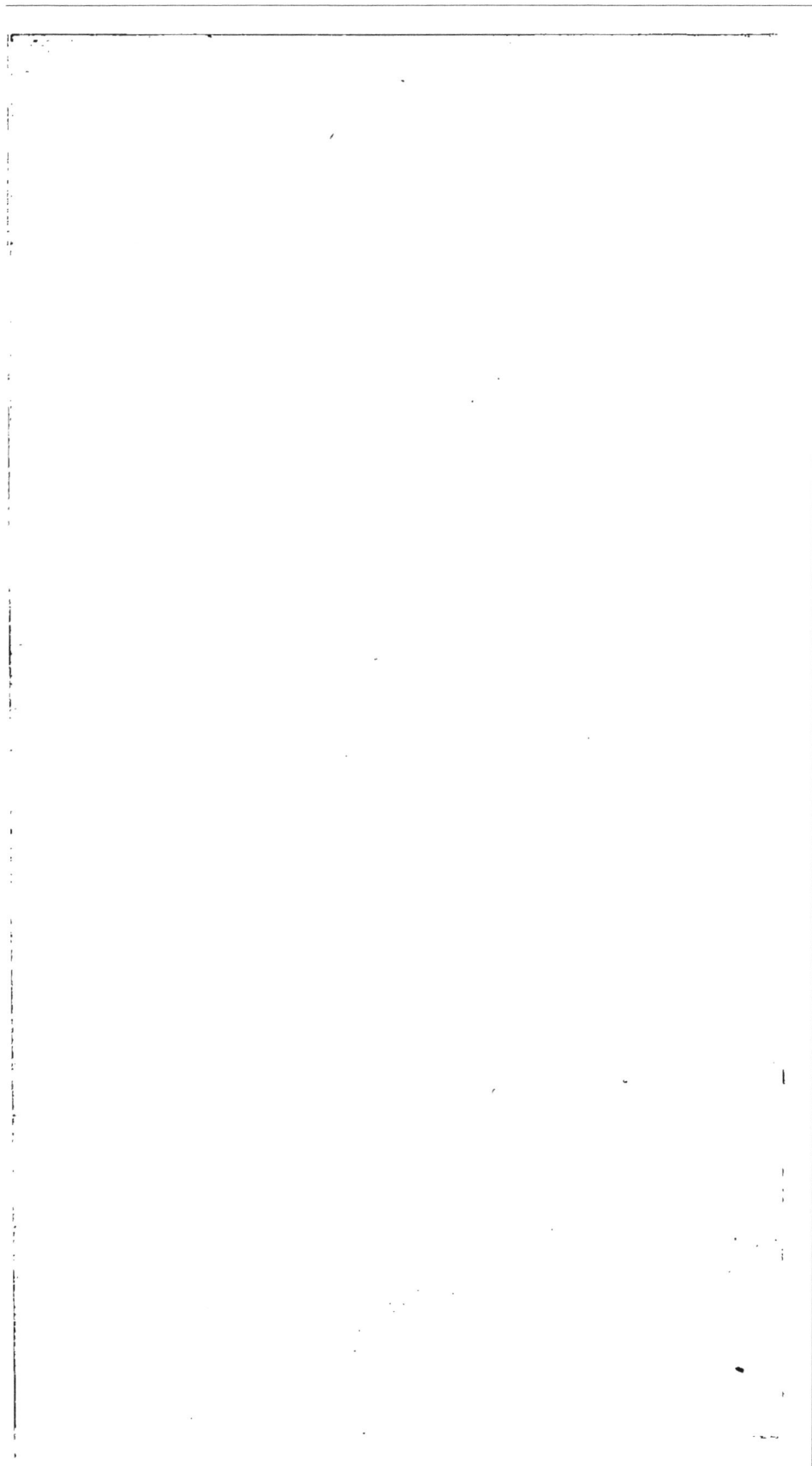

2§190

CONSEILS

AUX AGRICULTEURS

QUI ÉLÈVENT DES CHEVAUX.

PARIS. — IMPRIMERIE DE COSSON,
RUE SAINT-GERMAIN-DES-PRÉS, N° 9.

CONSEILS
AUX AGRICULTEURS

QUI ÉLÈVENT DES CHEVAUX;

Par **M. JULES CLERJON DE CHAMPAGNY,**

CAPITAINE DE CAVALERIE, MEMBRE DE LA SOCIÉTÉ POUR
L'INSTRUCTION ÉLÉMENTAIRE, etc.

Le cheval, se livrant sans réserve, ne se refuse
à rien, sert de toutes ses forces, s'excède, et
même meurt pour mieux obéir....

BUFFON.

PARIS.
CHEZ MONGIE AINÉ, LIBRAIRE,

BOULEVARD DES ITALIENS, N.º 10.

1829.

INTRODUCTION.

Au moment où tout, en France, marche vers une amélioration générale, on doit regarder comme un devoir de mettre au jour les idées et les connaissances qui tendent à ce but honorable. C'est un beau spectacle que celui de tout un peuple s'occupant à l'envi de perfectionner ses institutions : c'est celui que nous offrons aux yeux du monde entier, depuis l'ère régénératrice de la restauration ; c'est l'heureuse et infaillible conséquence d'un gouvernement constitutionnel.

Au milieu de cet immense concours *à ce qui est bien*, n'est-il pas incroyable que la nation qui, de tout temps parmi les autres, se distingua par sa grâce et son aptitude à toute espèce de gymnastique, et particulièrement dans l'art de l'équitation, soit restée autant en arrière sous le rapport de l'éducation des chevaux. Habile à les dompter, inventif pour tous les moyens de tirer de leurs forces tout le parti possible, le Français s'occupe à peine des besoins et de l'éducation de ces précieux animaux ; appréciateur ingénieux de leurs nombreuses et étonnantes qualités, et des immenses avantages qu'il en retire, le peuple enfin qui s'honore d'avoir fourni le nom de Buffon à la postérité, laisse, sur une terre privilégiée, dépérir l'une des plus utiles et des plus nobles espèces de la création.

Il est temps de sortir de cet état condamnable d'indifférence pour une partie si importante à la prospérité de la France, et qui se rattache de si près à sa gloire. De tous côtés, des voix amies de leur pays s'élèvent à cet égard : l'une d'elles,

(3)

partie des marches du trône, obtiendra
sans doute le succès que leur obscurité a
refusé à tant d'autres. Convenons-en
aussi, aucune n'avait encore frappé aussi
juste, et appelé l'attention du souverain
sur le véritable siége du mal, comme sur
le remède à y apporter.

En développant d'une façon claire et
concise son système d'amélioration des
chevaux, M. le duc de Guiche, doué de
cet esprit prompt et régulateur qui rend
propre aux grandes choses, fait preuve
non-seulement d'une étude réfléchie et
d'une connaissance profonde de son sujet, mais encore d'une aptitude remar-
quable à diriger l'exécution d'une vaste
entreprise (1).

---

(1) Voir l'ouvrage de M. le duc de Guiche sur l'amé-
lioration des chevaux de France. Brochure in-8°; chez
Guiraudet, imprimeur, rue Saint-Honoré, n° 315.
Paris, 1829.

Heureuse la nation qui, dans un moment de nécessité, rencontre dans ses rangs élevés des facultés aussi rares! Plus heureux, selon moi, l'homme qui peut les vouer à son pays! A cet égard, M. le duc de Guiche s'est placé au-dessus de tout éloge; étranger à toute espèce de coterie, car il en est aussi parmi les grands, il n'a vu que *ce qui est bien,* que *ce qui doit être,* et le moyen d'y arriver. Placé près du fauteuil royal, il n'est fier de son attitude que parce qu'elle lui permet de parler à l'oreille du Roi en faveur de son peuple. Mais ce peuple est nombreux; que M. le duc de Guiche me permette ici de le lui dire, il semble, dans son ouvrage, ne voir la France que dans Paris ou que Paris dans la France. Les bienfaits d'un souverain sont la manne qui doit tomber en même temps sur toute la surface de ses états. Aurait-il oublié que Charles X, si justement nommé père de ses sujets, a retiré la loi sur le droit d'aînesse?

Encourager par des récompenses est le devoir des princes; les mériter est celui des peuples; se porter intermédiaire entre les deux extrémités n'est pas en France une tâche pénible, quand on n'est mû que par l'intérêt général : le caractère et la position sociale de M. le duc de Guiche ne sont point équivoques à cet égard.

Les ressources financières de la France, quoique loin d'être aussi déplorables que les gens de parti s'attachent chaque jour à le faire entendre, ne permettent pas de faire les dépenses qui seraient nécessaires pour régénérer tout à coup nos races de chevaux : cette amélioration ne peut être que progressive; le point important est de la sauver de cette lenteur qui semble, par une fatalité funeste, s'attacher à tout ce qui promet de bons résultats. L'hono-

rable duc l'a senti en invoquant la mu-
nificence de la famille royale, et l'on peut
y compter toutes les fois qu'on s'adresse
directement à elle, en ce qui touche la
prospérité de la France. Il faut donc que
d'avance l'agriculture fasse la moitié du
chemin pour aller au-devant du bienfait
qu'on lui prépare. D'ailleurs l'expérience
a prouvé depuis long-temps aux agriculteurs qui s'adonnent à l'éducation des
bestiaux, que cette branche d'industrie
était une mine féconde lorsqu'on l'ex-
ploitait avec activité et raisonnement.
Ce n'est donc jamais peine perdue que
de s'occuper sérieusement de l'amélioration des races et de la propagation des
animaux domestiques. Le cheval, le plus
noble de tous et généralement le plus
utile, est aussi susceptible d'être perfec-
tionné. Il est malheureusement chez nous
bien au-dessous de son espèce, et peut,
sans atteindre au plus haut degré de ses

perfections, acquérir beaucoup dans toutes les qualités qui le distinguent. Ces
qualités sont particulièrement l'harmo-
nie et la beauté des formes, la vigueur et
la capacité à supporter de longues fatigues et des privations, et la faculté de
rester propre au travail jusque dans un
âge avancé.

Avec de pareils chevaux, l'agriculteur
trouvera, dans ses travaux, économie de
temps et une somme de forces plus considérable que s'il employait de ces animaux de race chétive, tels que ceux que
nous voyons chaque jour formant des
attelages inégaux et faibles, nonobstant
la bonne nourriture et les soins qu'ils
demandent, comme s'ils étaient de race
supérieure.

Il est encore en France un petit nombre de laboureurs qui seraient à même
de prouver à leurs confrères moins bien
partagés tout l'avantage qu'ils retirent d'a-

voir des chevaux bien constitués. On peut s'en procurer en les achetant ou en les élevant : la seconde manière est la plus avantageuse ; cependant cela tient à des circonstances et à des particularités locales.

Dans les propriétés rurales dont la nature ne permet pas de faire des chevaux, il convient mieux d'en acheter ; car ils deviendraient beaucoup plus coûteux si l'on voulait s'obstiner à braver le sol et le climat : cependant je dois ajouter qu'il est bien peu de ces exceptions en France. Mon but étant de solliciter les cultivateurs dans leur intérêt propre et dans celui de l'état, je suis loin de vouloir les inviter à faire des tours de force.

Par l'éducation, l'agriculteur intelligent se dispense, non-seulement de la privation subite d'une somme assez considérable que coûtent toujours de bons chevaux, mais il trouve encore de temps

en temps l'occasion de se procurer de
l'argent comptant par la vente de ses
poulains, soit pour la remonte de la cavalerie, le service des postes et du rou-
lage, soit enfin par le vaste débouché
qu'offre le goût toujours croissant du
luxe ou des entreprises de messageries en
tous genres. Il est donc infaillible que les
soins qu'apporteront les gens de la campagne à la propagation des races de chevaux ne soient bientôt couronnés du succès le plus satisfaisant et pour la France
et pour eux. Qu'ils élèvent de bons chevaux, et non de ces races abâtardies dont
on s'occupe dans plusieurs départemens
notamment dans celui de la Nièvre, où j'ai
vu, il y a peu de mois, un riche propriétaire vendre trois douzaines de chevaux
pour 5ooo fr., et donner le treizième par-
dessus le marché. Dans plusieurs cantons
de cette province, de tels trafics sont
journaliers. Ne devrait-on pas défendre

de semblables abus! Oui, c'est un abus
de pâturages et de ressources; car ces
produits mangent comme de bons : il est
clair que quatre ou six beaux élèves ne
coûteraient pas plus à élever que ces
chétives haridelles, et rendraient, pour
le moins, autant à l'*éleveur*.

Un avantage non moins appréciable
pour celui qui fait des élèves est l'affran-
chissement où il se met de la rapacité et
de la friponnerie des maquignons forains,
qui profitent trop souvent de son peu de
connaissances pour se débarrasser chez
lui d'une foule d'animaux vicieux, tarés,
et atteints de maladies contagieuses, ou
se trouvant dans des cas redhibitoires qui
peuvent le conduire à des procès dis-
pendieux. Outre cela, les chevaux qu'on
élève soi-même n'éprouvent aucune difficulté à bien prendre la nourriture du
pays où ils sont nés, et sont beaucoup
moins sujets à l'influence, quelquefois

pernicieuse, du climat sous lequel ils vivent.

Enfin, le cultivateur qui, par ses soins, son industrie, parvient à élever de bons chevaux, a bien mérité de la patrie en contribuant à y conserver les sommes considérables qui en sortent annuellement pour pourvoir aux besoins de l'agriculture, du commerce, de l'armée et de toutes les catégories déjà citées.

Et comment ne pas envisager la multitude d'avantages résultant infailliblement de l'élan général qui porterait les cultivateurs à s'attacher à cette branche d'industrie agricole? La situation topographique de la France, son climat, la nature de son sol, tout en elle secondant de si louables efforts et s'y montrant propice, rendraient bientôt les nations qui l'avoisinent ses tributaires en quelque sorte, par les débouchés qu'elles lui offriraient des produits de ce genre.

Or, il faut l'avouer à notre honte, ce qui nous a manqué jusqu'à présent, c'est le goût pour les chevaux et la bonne volonté à nous instruire de la méthode la plus simple et la plus convenable de procéder à leur éducation. Sortons donc de cette indolence bien coupable, puisqu'elle prive notre beau pays d'une foule d'avantages si essentiels sous tant de rapports.

Chaque agriculteur possédant dans ses fonds un terrain propice à l'éducation d'un cheval finirait par prendre ce parti, s'il y voyait le moindre appât de bénéfice. Outre les primes et les prix d'encouragement proposés par M. le duc de Guiche, il en serait un plus certain pour les petits éleveurs, ou pour ceux qui seraient trop éloignés des courses pour y conduire leurs produits : ce serait de leur en assurer la vente. Tel cheval ne convient ni aux haras, ni au luxe, qui peut faire un fort bon cheval de guerre; la destination qu'on donnerait aux plus fins permettrait d'en élever le prix plus haut que celui fixé pour l'achat des chevaux de troupes.

Il est une classe intéressante dans l'armée, sur laquelle la sollicitude de Sa Majesté n'a point été assez éveillée, celle des lieutenans et sous-lieutenans de cavalerie. Il est impossible qu'avec le modique traitement affecté à ces grades, ceux qui en sont revêtus puissent en conserver honorablement l'attitude; l'achat d'un cheval est une chose tellement onéreuse pour eux, qu'il n'est pas un régiment où les trois quarts de ces messieurs ne soient endettés pour cette seule cause. Plusieurs inspecteurs généraux, frappés de cette affligeante vérité, avaient demandé un *cheval d'escadron* pour ces grades inférieurs : l'institution des camps de manœuvres leur en avait surtout fait sentir la nécessité.

Je m'abstiendrai là-dessus de toute réflexion étrangère au sujet que je dois traiter, en rassurant toutefois mes lecteurs sur l'espoir que tant d'exemples de justes demandes non octroyées pourraient leur faire perdre. La situation politique du personnage distingué qui semble se mettre à la tête d'une grande révolution dans une branche si intéressante de notre industrie, son rang dans l'armée, peuvent lever bien des barrières et tourner du moins le vaste gouffre où s'engloutissent souvent les demandes et les grâces.

Chaque division militaire pourrait avoir un dépôt de jeunes chevaux séparés par catégories, et destinés aux remontes. En n'achetant ces chevaux qu'à quatre ans, et établissant une moyenne d'après le prix d'achat, dont l'excédant porterait sur la catégorie des chevaux d'officiers, on pourrait, après six mois de séjour au dépôt, les placer dans les corps, à des prix calculés de manière à ce que ces établissemens ne fussent point onéreux à l'état, et facilitassent la remonte de la cavalerie et de ses grades subalternes. Des comptes courans seraient établis entre les dépôts et les corps, pour les officiers seulement; de telle sorte que les paiemens se fissent par des retenues mensuelles pour les acheteurs qui ne pourraient payer comptant.

L'exposition de ce projet, susceptible de développemens inutiles à donner ici, prouve aux éleveurs de chevaux combien, en les invitant à concourir de toutes leurs forces à l'amélioration de l'espèce, on s'occupe en même temps de leur intérêt propre.

Je le répète, il y a trop d'union entre le Roi et le peuple français pour que, correspondant ensemble par un organe aussi pur et aussi désintéressé que M. le duc de Guiche, ils ne puissent en cette grande circonstance, comme toujours, répondre à leur commun appel, l'un par ses efforts, l'autre en les encourageant.

Pendant que, par des considérations d'un ordre élevé, M. le duc de Guiche appelle l'attention bienveillante de Sa Majesté sur l'amélioration des chevaux, et qu'il sollicite des encouragemens pour le redressement de cette branche tombée de notre industrie agricole, on ne saurait mieux faire, je pense, que de tâcher de la relever par le pied, en jouant le même rôle auprès de la masse des agriculteurs. C'est dans cette intention que je publie ce petit recueil de conseils élémentaires mis à la portée de tout le monde par la suppression des termes scientifiques que j'en ai faite avec soin.

Mille exemplaires en seront distribués *gratis* dans les chefs-lieux de départe-mens; le reste sera vendu au prix le plus modique, mon but n'étant point de faire un livre, encore moins une spéculation : le seul que je me sois proposé, c'est de préparer l'agriculture à concourir en masse au grand œuvre que M. le duc de Guiche s'est proposé, et l'aider dans ses moyens, convaincu que si l'on peut se passer de ma coopération, elle ne peut au moins être nuisible.

Il n'est aucune des sections de l'économie rurale qui demande plus de discernement dans son exécution que l'éducation des chevaux ; il m'a donc semblé nécessaire d'en simplifier les règles autant que possible, en les débarrassant d'une multitude de préjugés et d'idées absurdes, en concentrant, pour ainsi dire, les goûts particuliers en une manière de voir générale, en présentant enfin aux yeux de mes lecteurs le cheval sous son point de vue le plus important, celui de l'utilité.

1*

Ces principes, que j'offre au public, sont rédigés après une mûre observation de la manière de procéder des nations étrangères qui élèvent des chevaux avec le plus de succès. Les divers séjours que j'ai faits chez elles; mes relations avec quelques-uns de leurs principaux hippiatres, ou la lecture comparée de leurs meilleurs ouvrages; dix-huit ans de service dans la cavalerie et mes expériences m'ont mis à même de ne rien avancer légèrement. Ce que je voudrais donner à mes compatriotes, c'est cet amour des peuples nos voisins pour le plus noble des animaux: J'espère les y amener en leur rappelant un objet d'une aussi grande utilité, qui, en ajoutant à leur bien-être, leur procurera la satisfaction de répondre aux intentions paternelles d'un gouvernement éclairé.

CONSEILS
AUX AGRICULTEURS

QUI ÉLÈVENT DES CHEVAUX.

CHAPITRE PREMIER.

Division du Cheval.

Je diviserai le cheval en six parties :

1° La tête ;

2° L'épine ;

3° La croupe ;

4° Le poitrail et les côtes ;

5° Le ventre et les flancs ;

6° Les extrémités antérieures et postérieures, c'est-à-dire les cuisses, les jambes et les pieds de devant et de derrière. On appelle avant-main toutes les parties antérieures du cheval, jusques et y compris les épaules ; et arrière-main toutes les parties postérieures, depuis et y compris les hanches. Ce qui se trouve entre l'avant et l'arrière-main est le corps proprement dit.

Chacune de ces subdivisions se compose d'une multitude de parties dont il est essentiel de savoir le nom, lorsqu'on veut avoir une connaissance approfondie du cheval : je me contenterai d'indiquer les principales, celles surtout dont il importe le plus de reconnaître la bonne conformation pour l'acquisition d'un cheval.

ARTICLE PREMIER.

La *tête* proprement dite doit être maigre, afin que, plus légère, le cheval puisse la porter avec grâce. Les têtes lourdes et charnues, outre qu'elles ôtent de l'élégance à l'animal, sont ordinairement sujettes aux maux d'yeux et aux vertiges : la bouche en est généralement dure, et le cheval difficile à conduire ; défauts plus rares chez ceux dont les proportions sont sveltes en même temps que vigoureuses, et qui se rencontrent communément dans ceux de race molle, qui ont été élevés dans des pâturages marécageux, bas, humides, ou trop gras.

La tête comprend :

1° Les oreilles;
2° Le toupet;
3° Le front;
4° Les yeux;
5° Les nazeaux;
6° La bouche;
7° Les dents;
8° La langue;
9° La barbe;
10° La ganache.

Les *oreilles* doivent être petites et placées à une distance qu'on peut calculer de quatre à cinq pouces de l'une à l'autre pour un cheval de haute taille. Le cheval ardent les remue avec vivacité et les porte droites ou penchées en avant ou en arrière en raison du bruit qui les frappe : c'est à ces signes qu'on peut reconnaître qu'il n'est point atteint de surdité et qu'il est plus ou moins intelligent. Des oreilles épaisses chargées de poil, longues et pendantes déparent le cheval et font mal juger de ces qualités.

Le *toupet* est cette portion de crins qui termine la partie supérieure de la crinière et s'échappe sur le front entre les deux oreilles ; il ne doit pas être trop fourni ; cependant, lorsque la nature le fait ainsi, il faut éviter de l'arracher ou de faire cette opération par trop fortes mèches ce qui peut occasioner des douleurs à la tête du cheval. En règle générale, tout ce qui a été donné aux animaux, ayant un but d'utilité, devrait leur être scrupuleusement conservé, et si la mode a pris un empire tel chez les hommes que les bêtes en doivent pâtir, il faut au moins que leurs bourreaux soient assez sages pour ne lui pas sacrifier leur propre intérêt. Priver un cheval de sa queue est une cruauté qui retombe souvent sur celui qui l'exerce : le cheval le plus doux, tourmenté des mouches et privé du seul moyen que lui ait donné la nature pour s'en garantir, peut devenir un cheval dangereux.

Le toupet a été regardé à tort comme un simple ornement, par divers auteurs d'ouvrages sur les chevaux. Il est à remarquer que, dans les climats rigoureux, cette partie est laissée longue et épaisse, afin de garantir les yeux de l'animal ; il y a plus, c'est qu'elle est naturellement plus forte dans les races qui proviennent de ces pays. Il faut donc, je le répète, n'agir que très-scrupuleusement à ce sujet, surtout avec les chevaux qui doivent être exposés aux injures du temps, comme ceux destinés aux travaux de la campagne ou aux fatigues de la guerre.

Le *front,* qui s'entend de cette partie qui s'étend entre la racine du toupet et une ligne qu'on se représenterait tirée d'un des coins antérieurs d'un œil à l'autre, doit être long, large et très-légèrement bombé. On aime à le voir orné d'une étoile blanche ou *pelote* dans les chevaux d'une robe foncée (on appelle *robe* la couleur du cheval); mais c'est une erreur grossière que de croire que l'absence de cette marque soit un signe de méchanceté.

Les *yeux* demandent une grande attention dans l'examen du cheval qu'on se propose d'acheter. Ils sont grands, brillans et hagards dans les chevaux de belle race ; les approches en sont d'une peau fine, brune et peu chargée de poils.

Les yeux petits et à paupières épaisses sont plus sujets aux maladies que les autres; aussi est-il à remarquer qu'il y a beaucoup plus de chevaux aveugles dans les races communes que dans les nobles races. Ce défaut est héréditaire, lorsqu'il provient d'une cause interne, c'est-à-dire, d'un principe de maladie. Celles dont il devient la conséquence sont :

1° La fluxion périodique ou lunatique, inflammation de l'œil, qui se renouvelle de temps en temps, jusqu'à ce qu'elle soit suivie de la perte totale de la vue.

2° La cataracte, qui est un épaississement d'une des parties de l'œil, nommée le cristallin, qui lui donne une couleur blanchâtre, et sur lequel les rayons lumineux sont complétement interceptés : cette seconde maladie est souvent une suite de la première.

3° La goutte sereine, qui laisse à l'œil tout son éclat en le privant de voir. Cette maladie est celle sur laquelle il est le plus facile d'être trompé, en ce qu'elle n'a pas de symptôme bien apparent : on peut néanmoins se convaincre aisément de son existence, en faisant passer le cheval qu'on inspecte de l'obscurité au grand jour, ou du grand jour dans l'obscurité.

Si la pupille, qui est ce petit point noir qui forme le centre de l'œil, ne se rétrécit pas en recevant la lumière, et ne s'élargit pas lorsqu'elle en est privée, la maladie est incontestable.

Les *naseaux* doivent être bien ouverts, non-seulement parce que c'est une beauté, mais encore parce qu'ils donnent au cheval plus de facilité pour respirer; mais il faut que cette grande ouverture soit bien naturelle dans la conformation de l'animal, et ne soit pas confondue avec un élargissement provenant de la pousse ou d'autre gêne dans les poumons. L'intérieur des naseaux doit être d'un rouge vif, sans taches et exempt de tout écoulement.

La *bouche* doit être petite, et les lèvres minces. Cependant c'est une sottise que de se laisser prendre au dicton banal des maquignons, qui, pour faire l'éloge d'un cheval, disent qu'il a la bouche à boire dans un verre : une bouche trop petite est un défaut comme l'excès contraire.

Les *dents* sont les signes auxquels on reconnaît plus particulièrement l'âge du cheval;
il en est d'autres dont je parlerai plus tard, et
qui ne sont que secondaires. Les chevaux ont
quarante dents, qui se divisent en incisives,
en molaires ou mâchelières, et en crochets,
et sont ainsi placées :

Les incisives sont celles qui, au nombre de
douze, dont six en haut et six en bas, garnis-
sent le devant de la bouche et sont désignées,
les quatre du milieu sous le nom de *pinces*,
parce que ce sont celles qui pincent la nourriture; celles qui viennent ensuite sous celui
de *mitoyennes*, parce qu'elles se trouvent au
milieu des autres; et celles d'après sous celui
de *coins*, parce qu'en effet elles terminent les
deux rangées de chaque côté. Viennent ensuite les *crochets*, au nombre de quatre, dont
deux en haut et deux en bas, qui se trouvent
à quelque distance des coins; ces dents sont
ainsi nommées à cause de leur forme crochue
qui les distingue des autres. Les jumens n'en
ont pas pour l'ordinaire; chez celles où ils se
trouvent, ils sont petits : ces jumens reçoivent
alors la dénomination de *bréaines*.

Les mâchelières sont au nombre de vingt-quatre, dont douze en haut, douze en bas, et rangées par six dans le fond de la bouche, et ne sont point précédées par des dents de lait, comme les incisives. Elles ne servent point non plus à la connaissance de l'âge, qui se distingue, comme il suit, à l'inspection des dents de devant :

Environ quinze jours après la naissance du poulain, celles-ci viennent à pousser sous le nom de *dents de lait*, et sont petites, courtes, blanches et non creuses ; bientôt elles tombent dans l'ordre suivant, pour faire place à de plus fortes qui s'appellent *dents de cheval* :

A deux ans et demi, les pinces ;

A trois ans et demi, les mitoyennes ;

A quatre ans et demi, les coins.

* A cinq ans ces dents ont acquis toute leur hauteur ; ce qui fait dire que le cheval *a tout mis*.

Il n'y a pas d'époque bien précise pour l'apparition des crochets. Ces dents, comme les mâchelières, ne sont précédées d'aucune dent de lait ; c'est de trois ans et demi à cinq ans qu'elles sortent, celles d'en bas les premières.

Il ne faut jamais mettre les chevaux à un travail pénible avant que celles d'en haut soient sorties.

A cinq ans toutes les dents du cheval sont creuses et marquées d'un petit cercle noir qu'on nomme *fève*. C'est à ces marques que l'on reconnaît l'âge.

A cinq ans et demi le noir s'efface aux pinces et le creux se remplit;

A six ans et demi aux mitoyennes;

A sept ans et demi aux coins.

A huit ans le cheval ne marque plus, et l'on dit qu'il a rasé, parce que la dent, devenue pleine, a en effet l'air d'avoir été rasée. On peut encore connaître l'âge d'un cheval, après cette époque, à l'inspection des dents de la mâchoire supérieure; mais ces données sont rarement certaines.

Il y a des chevaux qui marquent toujours, c'est-à-dire, dont la dent reste creuse et tachée; ceux-là se nomment *beguts*, et l'on est obligé d'avoir recours à d'autres indices pour connaître leur âge, qui se décèle par la hauteur et la couleur des dents, qui deviennent jaunes et dont les gencives se retirent après

neuf ans ; ce qui fait paraître les dents longues.
Les crochets, au contraire, s'arrondissent et
deviennent plus courts. Quelques maquignons
ont la ruse de les tailler pour les conserver
aigus; mais ils ne peuvent les allonger, ce qui
aide à découvrir la fraude. D'autres refont avec
adresse une fève à la dent usée, à l'aide d'un
burin et d'une tache factice : c'est alors qu'il
faut un œil exercé, et souvent encore les plus
fins y sont pris.

Les autres signes auxquels on reconnaît
qu'un cheval est d'un âge avancé sont la pro-
fondeur des salières (on nomme ainsi les ca-
vités placées au-dessus des yeux), quelques
poils blancs mêlés parmi les sourcils et la barbe
dans les chevaux dont la robe est simple dans
les poils foncés (on appelle *robe simple* celle
qui est d'une seule couleur). On peut aussi
trouver d'autres indices dans le grand nombre des plis des lèvres; mais tous ces signes
peuvent être très-incertains lorsqu'ils ne
sont pas réunis. Pour les personnes accoutu-
mées à voir des chevaux, un vieux cheval a
une physionomie d'ensemble à laquelle on se
trompe rarement.

Les *barres* comprennent les parties qui restent nues depuis les crochets jusqu'aux mâchelières à la mâchoire inférieure. C'est sur elles que pose le mors : elles doivent être hautes, afin de donner à la langue assez de place pour se loger, et tranchantes, pour que le cheval soit facile à conduire. Si cependant elles l'étaient trop, elles deviendraient défectueuses par excès de sensibilité.

La *langue* doit être mince et déliée, comme les lèvres : une langue épaisse déborde ordinairement sur les barres et s'oppose à l'effet du mors, en leur ôtant de leur sensibilité.

La *barbe* est l'endroit où pose la gourmette; de sa conformation dépend aussi la finesse de la bouche du cheval. Elle doit être maigre et assez relevée pour que la gourmette fasse sentir sa pression sur toute sa surface.

La *ganache* ou mâchoire inférieure doit avoir ses deux branches assez écartées pour laisser au larynx ou nœud de la gorge assez d'espace pour faire ses fonctions; ce qui, dans le cas contraire, deviendrait un défaut d'autant plus grave dans le choix d'un étalon ou d'une jument, qu'il serait héréditaire. On ne doit non plus laisser saillir aucune jument qu'on n'ait trouvé chez elles cette partie exempte de toute espèce de glandes.

ART. II.

L'*épine* est une suite d'os appelés *vertèbres*, qui s'étend depuis la tête jusqu'à la croupe. Elle contient la moelle épinière et sert de base au cou, au dos et aux reins, parties qu'il est important d'examiner avec soin, afin de se rendre raison des qualités ou des défauts d'un cheval.

J'analyse ainsi ces trois parties :

Le cou doit être proportionné au reste du corps ; on peut régler ainsi les bases de ses proportions : sa longueur, en tirant une ligne depuis le dessus de la tête jusqu'à la pointe de l'épaule, doit faire la moitié d'une autre ligne qu'on tirerait depuis la pointe de l'épaule jusqu'au gras de la fesse. Il doit s'élever de la poitrine en s'en détachant avec grâce ; ses muscles doivent être fermes. Son devant, formé de la trachée-artère, sera fort et difficile à comprimer ; et sa jonction avec la tête et la poitrine aura lieu de manière à ce que tous ses mouvemens soient libres. Un cou gras, court et pesant, outre qu'il ôte à l'animal toute la noblesse qu'il tire d'une belle encolure, le rend lourd à la main, et le prive d'une partie de sa force en surchargeant ses extrémités antérieures.

Le *dos*, étant la partie sur quoi reposent tous les fardeaux du cheval qui porte, ne doit pas être moins que les autres l'objet d'une inspection particulière; il ne doit présenter dans toute sa longueur, depuis le garot jusqu'aux reins, aucune élévation ni enfoncement.

Le *garot*, qui n'est que la partie antérieure du dos qui le lie au cou, doit être médiocrement élevé et un peu décharné. Lorsqu'il est trop gras, trop bas ou trop chargé de chair, il court le risque de se blesser et est ordinairement un symptôme de faiblesse du dos et des épaules.

C'est du dos que partent tous les mouvemens du cheval pour toute espèce de services, et principalement pour celui de la monte; il est donc urgent que cette partie soit solidement conformée, comme aussi de purger un haras de tout sujet chez qui elle donnerait des signes de force non suffisante.

Les *reins*, réunissant le dos et la croupe, doivent être courts, robustes et élastiques. Des reins longs, étroits ou lâches annoncent une faiblesse générale et un cheval qui se nourrit mal.

ART. III.

La *croupe* est la partie qui s'étend depuis la finition des reins jusqu'à la naissance de la queue, et d'une hanche à l'autre. Elle doit se lier avec celles-ci comme avec les parties environnantes, de manière à présenter une rondeur gracieuse; elle ne doit point se rétrécir du côté de la queue; il en résulte parfois un resserrement dans les extrémités postérieures qui ôte de la grâce et de la force à l'animal. Il ne faut pas non plus que la croupe soit trop ramassée, ce qui ôterait de l'agilité et de l'action à toutes les parties qui en dépendent. Trop de longueur et de flexibilité dans la croupe sont aussi des imperfections qui annoncent de la faiblesse.

C'est à tort que quelques personnes s'imaginent qu'une rainure le long de la croupe jusqu'à la queue, que les gens du vulgaire appellent *double rein*, soit une particularité qui annonce de la force dans l'animal qui la possède; elle ne se fait remarquer dans aucun produit de noble race, et, d'après mes observations et celles de plusieurs amateurs de chevaux, elle annoncerait le contraire.

Le dos, les reins et la croupe doivent former une ligne presque horizontale jusqu'à la queue. Les croupes qui s'abattent avant la naissance de celle-ci, et qui se nomment *avalées*, sont laides, disgracieuses, et n'appartiennent qu'aux races communes ; les chevaux ainsi conformés portent mal la queue et sont moins forts. On peut objecter, il est vrai, que telle est la conformation des gros chevaux anglais et flamands, qui sont remarquables par les lourds fardeaux qu'ils traînent. Je répondrai que ces chevaux ne sortent victorieux de leurs pénibles travaux qu'en s'appuyant de tout le poids de leur énorme masse sur les traits, genre d'efforts qui les use infiniment plus vite, et auquel n'auraient pas recours des

chevaux d'égale taille, conformés comme je
l'ai dit plus haut.

La *queue* veut être portée haut et bien détachée lorsque le cheval emploie sa force ;
celle des chevaux de fine race est mince, les
crins en sont déliés et ne se montrent qu'à un
pouce environ de la croupe.

ART. IV.

La *poitrine* est la partie formée en haut par
les vertèbres du dos, devant et en bas par l'os
nommé *sternum*, et à droite et à gauche par
les côtes ; c'est donc une cavité destinée à recevoir les viscères nobles à l'aide desquels se
font les fonctions internes et s'entretient la vie
de l'animal. On doit donc examiner avec attention si cette cavité est assez spacieuse pour
les contenir sans qu'ils soient gênés ; de sa
conformation dépend la longue respiration
du cheval, qui est une de ses plus essentielles
facultés. Il faut donc tenir à ce qu'un cheval
ait les côtes formant bien le demi-cercle ; à ce
que son poitrail soit d'une bonne largeur sans
excès ; trop large et chargé de chair, il pèserait

sur les jambes de devant et en génerait les mouvemens en les écartant l'une de l'autre ; trop étroit, il resserrerait les jambes, ce qui est un indice de faiblesse et porte le cheval à s'entrecouper les pieds. On s'attachera surtout à la conformation des dernières côtes, qui sont les plus rapprochées *du ventre :* celles qui sont plates gênent la dilatation des poumons et ôtent ce qu'on appelle du ventre au cheval. Les chevaux dont la côte est plate sont ordinairement faibles et sujets aux maladies de poitrine. L'examen de cette partie, en général, est d'autant plus essentiel que sa conformation vicieuse est héréditaire : il ne faut donc admettre dans un haras aucun étalon ni cavale qui en soit atteint.

ART. V.

Le *ventre* est une partie dont l'examen est de la plus haute importance dans une jument que l'on destine à faire des poulains. Celui dit *de vache* est un défaut essentiel, qui se trouve ordinairement chez les chevaux d'une nature molle. Les jumens vigoureuses et ramassées

né l'ont pas même pendant qu'elles sont pleines. Les hernies sont assez communes chez
les jumens de peine; on doit attendre qu'elles
soient parfaitement guéries avant de les admettre dans un haras.

On doit aussi scrupuleusement examiner
les flancs et les mamelles. Dans l'un et l'autre
sexe, les flancs creux, retroussés et resserrés
sont d'un mauvais augure.

- Les mamelles doivent être unies et douces
au toucher, et exemptes de duretés, ulcères,
calus et enflure; les mamelons fermes et bien
séparés.

ART. VI.

Les *extrémités* du cheval étant les parties
sur lesquelles repose tout le corps, comme
ferait un édifice sur quatre piliers, il est donc
important qu'elles soient égales et parfaites
dans leur aplomb. C'est de leur plus ou moins
belle conformation que dépendent le prix et
la solidité d'un cheval : on ne saurait donc apporter trop d'attention à leur examen.

Leur longueur peut être calculée de manière
à ce qu'il y ait, depuis le sol jusqu'au-dessous

du ventre du cheval, à peu près la moitié de la longueur de son corps, mesurée depuis la pointe de l'épaule jusqu'au gras de la fesse.

Les chevaux hauts sur jambes sont rarement robustes ; on doit préférer généralement ceux qui sont près de terre.

Les jambes doivent paraître larges lorsqu'on les regarde de profil ; la peau doit en être tendue et couverte de poils fins et courts ; les muscles doivent en être bien distincts et fortement prononcés, et les tendons placés derrière les os bien détachés.

Les jambes rondes, étroites et fournies de poils dénotent ordinairement une race commune et l'absence de vigueur ; elles sont, de plus, sujettes à une multitude de maladies dont les jambes sèches sont exemptes.

On procédera à l'examen des jambes en commençant par celles de devant, et de la manière suivante :

1° En s'assurant que les épaules ne sont pas trop chargées de chair et de graisse, ce qui les priverait de la liberté qu'elles doivent avoir. Il faut avoir la même attention pour l'os du bras, qui, venant se réunir un peu en arrière à l'avant-bras, forme un angle avec l'os de l'épaule, et donne l'articulation du coude à son autre extrémité. Tout en suivant le précepte d'éviter le trop de chair dans ces parties, il ne faudrait cependant pas tomber dans le défaut contraire.

2° On recherchera dans l'avant-bras, qui s'étend depuis le coude jusqu'au genou, la longueur, la force et l'aplomb ; car s'il est court, les mouvemens, qui seront plus relevés, ne seront pas aussi progressifs, c'est-à-dire, le cheval n'avancera pas autant. S'il est grêle, il ne pourra supporter la fatigue, dont la plus grande partie retombe sur lui ; et s'il n'est pas bien d'aplomb, il placera les pieds du cheval en dedans ou en dehors, en avant ou en arrière, hors enfin des lignes perpendiculaires où ils doivent se trouver ; ce qui donnera au cheval de faux mouvemens et une marche mal assurée.

3° On examinera le genou, dont la conformation doit être telle qu'elle ne donne à la jambe aucune courbure en avant, en arrière, ni de côté ; afin que le cheval ne soit ni *brassicourt*, ce qui se dit lorsque la courbure a

lieu en avant; ni *droit sur son devant*, ce qui
se dit lorsqu'elle a lieu en arrière; ni qu'il ait
le genou de bœuf, ce qui s'entend des genoux
rapprochés qui écartent les pieds l'un de l'autre.

Le genou, composé de sept petits os réunis
et placés sur deux rangs de trois, l'un au-dessous de l'autre, le septième, nommé *os crochu*, se trouvant derrière la rangée inférieure,
doit être large, plat et maigre; l'os crochu
doit être saillant en arrière.

4° Voir si le canon, qui est l'os qui s'étend
depuis le genou jusqu'au boulet, n'est pas trop
faible pour le reste de la jambe; si le tendon
fléchisseur qui passe derrière en est bien détaché, ce qui doit donner à cette partie vue
de profil un aspect de largeur qu'elle n'a point
de face; s'il ne l'était pas assez, il ferait paraître la jambe plutôt ronde que plate; ce qui
prouverait qu'elle n'a pas toute la force nécessaire.

5° S'assurer si le boulet, qui est formé de
l'articulation du canon avec le paturon, est
bien sain et placé perpendiculairement avec
le canon et le genou. Il doit être sec, bien ar-
rondi et dégarni de poils.

6° Si le paturon, qui se trouve entre le boulet et le sabot, n'est pas trop long et trop
flexible; ce qui serait un défaut grave, surtout pour des chevaux de fatigue.

7° Si la couronne, qui termine le paturon,
n'est point chargée d'une élévation qui déborde le sabot et dégénère souvent en une
maladie héréditaire nommée *effet de forme*.

Les pieds doivent être examinés avec une
scrupuleuse attention, eu égard à ce qu'ils
portent tout le poids du corps et renferment
des parties très-sensibles; un pied trop petit
est défectueux comme un pied trop grand.

Le pied bien fait est uni; ses côtés descen-
dent en s'élargissant peu à peu et régulièrement, jusqu'à la sole ou fond de la corne.

La corne doit être dure et d'une bonne
épaisseur, sans être cassante ni sujette à s'é-
cailler. La corne noire est la meilleure; sa
surface doit être luisante et dégagée de toute
espèce d'inégalité ou de fente, qui dénotent
toujours quelque disposition à des maladies
inflammatoires dans les parties internes du
pied.

La sole ou fond de la corne doit être forte

2*

et bien jointe à la muraille, qui est la partie extérieure du sabot, et un peu creusée du côté de la fourchette.

La fourchette est cette partie de corne tendre et élastique qui se trouve entre la sole et le talon, et qui tire son nom de sa forme; elle ne doit présenter aucune trace d'ulcères ni d'écoulement.

On évitera soigneusement les pieds plats et les pieds dits *combles*; l'un et l'autre de ces défauts étant très-susceptibles de se propager par la génération, on n'admettra pour un haras aucun des sujets, mâle ou femelle, qui en seront atteints.

Le pied plat est disgracieux par sa forme; il dénote ordinairement une race commune, et devient souvent comble.

Le pied *comble* est celui dont la sole, au lieu d'aller en creusant près de la fourchette, prend la marche contraire et sort en saillie sous le fer; ce qui fait que, venant à dépasser le talon, la fourchette porte à terre, le cheval boite et demande une ferrure particulière qui ne lui donne jamais assez de solidité.

Après avoir examiné les extrémités antérieures comme il vient d'être prescrit, on passera aux extrémités postérieures.

Pour bien juger de l'aplomb de ces parties, il faut se placer à quatre ou cinq pas derrière le cheval : alors on voit facilement si la conformation du bassin chasse les cuisses en dedans ou en dehors, si les rotules sont trop écartées du cheval ou trop rentrées sous ses flancs. Dans l'un ou l'autre cas la conformation serait défectueuse et ferait perdre de la liberté de la marche. C'est de la bonne disposition de ces parties que dépendent la vitesse et la vigueur du cheval, car ce sont elles qui le chassent en avant dans toutes ses allures.

La jambe, qui s'étend depuis la rotule jusqu'au jarret, doit être forte, ses muscles bien saillans ; ce qui fait dire, en la regardant par-derrière, qu'elle est bien *gigotée*.

Le tendon extenseur, qui se trouve derrière la jambe, doit être éloigné de l'os en venant s'étendre et prendre son point d'appui sur le jarret, auquel il est attaché.

Le jarret, partie de laquelle le cheval se sert pour s'élancer dans tous ses mouvemens, doit être robuste et bien conformé. Ses qualités

sont d'être fort, large et plat; la peau qui le
recouvre doit être fine et bien tendue, afin
qu'on puisse facilement en inspecter toutes les
parties intérieures et voir si elles sont exemptes des *tares* multipliées qui s'y rencontrent
trop souvent, et dont je parlerai au chapitre
des maladies.

En règle générale, les jarrets ronds et gras
sont faibles et sujets à beaucoup d'accidens
pernicieux. Il ne faut pas que l'angle dont ils
forment la pointe entre la jambe et le canon
soit trop aigu; alors ils seraient ce qu'on
nomme *coudés*, et perdraient de leur force.
Le défaut contraire, en leur donnant une position trop raide, les rendrait sujets à plusieurs maladies, et priverait le pied d'une partie de son ressort.

Les pointes des jarrets doivent être à une
bonne distance l'une de l'autre, c'est-à-dire
point trop rapprochées à la manière des animaux à pied fourchu; ce qui fait dire que les
chevaux sont *jarretés*; et ne pas donner dans
le défaut contraire, ce qui porterait en dedans
la pince du sabot et rendrait la marche inégale
et incertaine.

Le canon s'étend depuis l'articulation du jarret jusqu'au boulet. Le tendon qui se trouve placé derrière doit en être bien détaché, afin de lui donner beaucoup de largeur. Cette partie doit, dans toute sa longueur, former une ligne droite exempte de toute inégalité qui en interromprait le cours. On appelle *courbe* une dureté qui se trouve assez fréquemment dans cette partie, de côté, près et au-dessous de l'articulation du jarret. Il résulte de cette défectuosité une gêne dans les mouvemens et souvent une paralysie des tendons. Il est nécessaire, pour acquérir une connaissance parfaite du jarret et de sa conformation, d'avoir une longue expérience, qui ne s'acquiert que par de fréquentes comparaisons avec des chevaux neufs, sains et bien conformés.

La *courbe* se transmet par la génération, comme les autres défectuosités des articulations.

Les autres parties des extrémités postérieures, comme le boulet, le paturon, le sabot, etc., sont sujettes au même examen que celles des extrémités antérieures.

Après avoir examiné le cheval dans toutes

ses parties, de pied ferme, il faudra le voir en marche. Ses allures doivent être régulières et ses mouvemens libres et bien cadencés. Pour en juger convenablement, on le fera marcher devant soi, afin de le voir aller et revenir. Sous ces deux aspects, aucune partie de son corps ne devra paraître se balancer à droite et à gauche, et ses quatre membres se couvriront exactement.

On reconnaît que l'allure est irrégulière, lorsque les pieds de devant ou de derrière se croisent ou font un mouvement circulaire, lorsqu'enfin ils ne se posent pas directement en face de la place qu'ils occupaient, ou n'y arrivent qu'après avoir décrit une ligne courbe en dedans ou en dehors ; comme aussi lorsqu'un des temps marqués par chacun des pas se trouve en retard ou trop précipité.

L'importance que l'on doit attacher à la régularité des allures devient plus grave en raison de la destination du cheval. Pour ceux des haras on ne saurait être trop scrupuleux dans cet examen, la plupart des causes de l'irrégularité d'allure étant héréditaires.

L'allure doit être vive et aisée. Il est des

chevaux qui, bien que l'ayant régulière, mar-
chent lourdement et ont besoin d'être pressés
pour avancer : ce sont ceux de race commune
et dont la pesanteur vient des différens vices
de conformation que j'ai déjà signalés. Quelles
que soient la taille et la corpulence d'un cheval,
s'il est de bonne nature il doit marcher leste-
ment, et les mouvemens de ses jambes droites
ou gauches ne doivent jamais être marqués
par l'oscillation de la queue.

Lorsqu'un cheval est bien conformé dans
toutes ses parties, sa marche est vive et hardie,
ses mouvemens sont légers; il fait peser tout
son corps sur l'arrière-main, ce qui décharge
son devant et lui donne plus de liberté pour
entamer le chemin. Il porte la tête haute et
les oreilles droites, ses yeux et ses naseaux
bien ouverts; sa respiration est libre, et sa
queue bien détachée.

Le cheval qui réunira toutes ces qualités
ou à peu près sera susceptible d'un long et
bon service.

RÉSUMÉ

¡ Des proportions qui caractérisent un cheval bien conformé.

————

La tête maigre, bien placée, c'est-à-dire, la ligne du front au bout du nez ne tombant ni trop ni trop peu perpendiculairement.

Le front légèrement bombé et assez large.

Les naseaux larges et bien ouverts.

La ganache (1) formant une rainure bien évidée.

L'encolure s'élevant librement en se détachant de la poitrine.

La crinière mince et ferme.

La trachée-artère forte et dégagée.

Le garot (2) mince, haut, bien détaché, se liant avec grâce aux parties qui l'entourent.

L'épine, qui suit le garot, droite et fortement constituée, formant une ligne presque horizontale dans ses jonctions avec le garot et les reins jusqu'au tronçon de la queue.

La croupe (4) bien arrondie.

Le poitrail (6), vu par-devant, doit paraître large.

La poitrine bien allongée et arrondie sur les côtés.

Les côtes bien arrondies, la dernière un peu éloignée de la hanche.

L'épaule doit être placée de manière qu'en tirant deux lignes, l'une du garot (2) à sa jonction avec l'épaule, et (5) l'autre partant de ce point jusqu'à la pointe du coude, elles forment un angle ni trop fermé ni trop ouvert.

L'articulation du coude large.

L'avant-bras (7) bien musclé.

Le genou, perpendiculairement au-dessous de l'avant-bras, doit paraître large vu par-devant.

L'os crochu (8), derrière le genou, bien saillant.

Le canon (9) conserve la ligne perpendiculaire avec le genou et l'avant-bras.

Les tendons placés derrière le canon rendent cette partie fort large, vue de côté.

Le boulet (10) doit paraître large, vu de côté, maigre et dégarni de poils.

Le paturon (11) d'une bonne longueur et fort, ayant toute l'élasticité requise, sans faiblesse et sans que le boulet se rapproche trop.

3

de terre lorsque le cheval se balance sur ses pieds.

Le sabot assez large sans être plat, ayant de la couronne à la pince le double de hauteur que de la couronne au fer sur les côtés.

La hanche, en tirant deux lignes partant de sa pointe, et se dirigeant, l'une vers l'extrémité inférieure de l'os du bassin (12), et l'autre vers la rotule (13), forme la pointe d'un angle qui ne doit être ni trop ouvert ni trop fermé.

La jambe (14) forte, nerveuse, bien musclée; le tendon qui s'en détache pour prendre un point d'appui sur la pointe du jarret (15), fort et bien sorti.

Le n° 16 marque la place au-dessous de laquelle se forment les éparviers.

Le n° 17 enfin, celle où le canon s'articule avec le jarret.

Gravé d'après nature.

CHAPITRE II.

De la taille et de l'âge des Jumens poulinières.

TOUTES les remarques qu'on a faites jusqu'à présent n'ont fourni que des données peu positives sur le fait de savoir si la jument contribue plus que l'étalon à la conformation du poulain ; quelques exemples ont justifié cette croyance, d'autres l'ont tout-à-fait contredite. On a observé cependant que la taille dépendait plus de la mère.

Comme il importe en France de grandir l'espèce des chevaux, je recommanderai donc aux cultivateurs qui feront des élèves de se procurer des jumens de bonne taille, et d'éloigner de la monte tout ce qui serait d'espèce petite, grêle et rabougrie. Une bonne jument poulinière doit avoir au moins quatre p'eds huit pouces sous potence, et être élevée du devant; qualité rare chez les jumens, mais qui pourtant se rencontre.

Malgré l'incertitude où l'on se trouve encore sur les mystères de la génération, des expériences multipliées ont prouvé que le poulain tenait plus de la mère que du père par l'avant-main : c'est un effet dont on n'a pu jusqu'à présent définir la cause, et qui n'est cependant pas sans exceptions; mais le plus étant en faveur de cette remarque, on doit partir de là pour l'accouplement et choisir toujours des cavales qui brillent par le devant.

En recherchant sur quoi pouvait être fondée l'ancienne opinion, que l'étalon fournit plus de ses qualités au poulain que la cavale, il me semble qu'on peut aisément en trouver la cause dans le choix scrupuleux qu'on a toujours fait des étalons, qu'on a constamment tirés à grands frais de l'étranger. Jamais, on peut le dire généralement parlant, la même attention n'a été portée à l'acquisition des jumens, qui, pour la plupart de race commune et bâtarde chez les cultivateurs, n'ont donné que des produits dégénérés. Il est certain qu'en prenant un étalon et une jument de races pures et étrangères l'une à l'autre, on obtiendrait un produit qui participerait également de l'un et de l'autre. J'ai fait cette expérience, qui m'a parfaitement réussi, sur un cheval arabe et une jument du Holstein.

Le père était petit, la mère de bonne taille.

Le produit est de taille moyenne.

Le père était gris, et la mère bai-clair.

Le produit est d'une robe mélangée de gris et de bai.

Le père brillait par l'arrière-main.

C'est aussi dans cette partie qu'est toute la race arabe du produit; et sa tête, son encolure et ses épaules sont dans les mêmes lignes que celles de la mère.

Concluons : il faut donc mettre autant de soin dans le choix d'une jument poulinière que dans celui d'un étalon. Les qualités qui distinguent une jument poulinière sont celles qui viennent d'être énumérées dans l'inspection générale du cheval ; cependant on s'attachera principalement à ce qu'elles ne soient pas trop longues des reins, c'est-à-dire qu'il n'y ait pas trop d'espace entre la dernière côte et les hanches : une pareille conformation ne donne jamais de poulains robustes. Elles doivent avoir la côte ronde et le flanc plein.

La jument ne conçoit guère passé douze ou quatorze ans au plus; il ne faut donc jamais acheter une jument qui approche de cet âge, si l'on veut la destiner au haras.

On ne doit pas non plus donner l'étalon de trop bonne heure aux jumens, bien qu'elles soient assez précoces pour concevoir à deux ans et demi; mais elles ne donnent à cet âge que des produits faibles et mal conformés.

C'est de cinq à douze ans que les jumens sont dans toute leur vigueur et donnent les plus beaux et les meilleurs poulains.

Après cette époque elles peuvent rendre de bons services, comme pendant les dix premiers mois de leur portée ; il est donc plus avantageux, pour le cultivateur, d'acheter des jumens que des chevaux hongres, lesquels sont en général d'un caractère moins docile et d'une constitution moins forte.

CHAPITRE III.

De la Monte.

La gestation ou portée des cavales durant onze mois et quelques jours, et la durée de leur chaleur étant de deux à quatre mois, qui sont mars, avril, mai et juin, on fera en sorte de calculer l'instant de la monte de manière à ce qu'elles puissent faire leur poulain au mois d'avril, afin de pouvoir les mettre au pré pennant la bonne saison des herbes et dans le moment où les travaux de la campagne sont le moins pressans ; car il faut compter au moins sur six semaines de non-service, trois avant, trois après le part ou mise bas, et c'est trop peu.

On fera donc saillir les jumens dans le mois de mai, afin que le part ait lieu vers la fin de mars ou au commencement d'avril. Cependant, comme il y a en France une trop grande variété de climats pour que les travaux de l'agriculture réclament partout les mêmes forces aux mêmes époques, et que l'éducation des chevaux ne sera jamais que secondaire chez la plupart des cultivateurs, il sera bon qu'ils se dirigent, à cet égard, d'après leur plus grand intérêt, d'autant qu'on voit beaucoup de bons chevaux nés au commencement de l'année : ceux venus en été sont généralement moins bien nourris.

Il est important de ne faire saillir la jument que lorsqu'elle est complétement en chaleur ; ce qu'on reconnaît aux signes suivans : elle hennit souvent, mange mal, est distraite, inquiète, lève la queue lorsqu'elle aperçoit des chevaux, et ne s'en éloigne pas volontiers ; elle urine souvent et peu à la fois ; ses parties génitales sont rouges et gonflées, et laissent échapper souvent une liqueur gluante et blanchâtre qu'on désigne sous le nom de *chaleurs*.

Il n'est pas rare qu'une jument ne retienne pas la première fois qu'elle reçoit l'étalon ; alors on y revient jusqu'à ce qu'elle le refuse. Mais lorsque la gestation a été heureuse, et que le part s'est fait sans accident, neuf jours après le saut est infaillible. Il est pourtant des

jumens qui redeviennent en chaleur après
avoir refusé l'étalon; dans ce cas on procède
de nouveau, le cas de superfétation, c'est-à-
dire, où la jument, devenant pleine deux fois,
ferait deux poulains, étant fort rare.

Beaucoup de jumens sont crues stériles, à
qui il ne manque que des soins, de la nourriture et un peu de repos pour retenir; lorsqu'on en a qui ont souffert, il faut donc les
remettre en état avant de leur donner l'étalon.
D'autres ne retiennent pas, par la raison contraire; elles sont trop grasses : il faut leur
faire une saignée, les nourrir moins copieusement, et les faire travailler un peu plus
avant de les faire saillir.

Comme il importe plus aux cultivateurs de
connaître les soins relatifs aux jumens que
ceux qui ont rapport aux étalons dans l'opération de la monte, je ne grossirai pas cette
brochure des précautions à prendre à cet
égard : long-temps encore ils seront forcés
d'avoir recours aux dépôts des haras du gouvernement, où l'on est assez intéressé à les
en instruire.

J'ajouterai seulement qu'il est absurde de

faire courir les jumens, de les frapper ou de
leur jeter de l'eau sur le dos, après qu'elles
ont été saillies, pour les faire retenir; il suffira
de les faire conduire tranquillement au pâturage ou de les faire promener lentement;
toutes les autres pratiques usitées chez les
personnes ignorantes et superstitieuses ne
peuvent que nuire à la mère et à son fruit.

CHAPITRE IV.

Du choix d'un Étalon.

Il ne suffit pas, pour faire de bons chevaux, de présenter à l'étalon une jument bien conformée et susceptible en tous points de faire une bonne poulinière, il faut encore que cet étalon, bien que possédant toutes les qualités requises, soit d'une race qui convienne à celle de votre jument. Beaucoup de gens sans expérience s'imaginent qu'en conduisant leurs cavales à des étalons en réputation, ils obtiendront de beaux produits. L'effet a presque toujours trompé leur attente, lorsqu'ils ont agi sans discernement; ceux qui réussissent sont le plus souvent servis par le hasard.

Il y a des règles générales qui n'ont jamais été approfondies par les cultivateurs qui se sont mêlés d'élever des chevaux. J'en connais qui jouissent d'une certaine réputation dans cette partie, et qui savent à peine le nom des bases fondamentales de l'opération. C'est pour eux que j'écris cet ouvrage, un peu sommaire à la vérité, mais assez étendu néanmoins pour les guider et les empêcher de tomber dans de graves erreurs.

MM. de Buffon, de Laguerinière, de Malden, et bien d'autres avant et après eux, ont établi en principe que les chevaux qui convenaient le mieux pour étalons, en France, étaient les chevaux de l'orient et du midi, tels qu'espagnols, barbes, arabes, italiens et turcs.

Ou ces races ont bien dégénéré depuis que ces préceptes sont écrits, ou il s'est opéré un grand changement dans notre climat; car il est certain qu'elles réussissent bien moins chez nous que les races du nord; ce sont donc celles-ci que je recommanderai, comme plus susceptibles de grandir notre espèce, qui en a besoin. J'excepterai celle de Normandie, qui a toujours été plus cultivée chez nous, et qui cependant dégénère notablement depuis quelques années.

Quand je dis grandir l'espèce, je n'entends pas l'élever sur jambes; je veux qu'on tende à la fortifier dans toutes ses proportions. Trop de gens se sont complu à faire de *jolis petits chevaux de cavalerie légère* ; nos hussards ne se plaindront point d'être un peu plus fortement montés ; ceux qui pourraient s'en mal trouver ne coucheront plus, j'espère, dans nos casernes.

Les chevaux arabes ne donnent chez nous que de petits produits ; les italiens sont chargés de chair et d'épaules ; les barbes de pure race sont rares et souvent grêles. Je ne parlerai pas des espagnols, qui sont des chevaux purement de luxe et de parade et les plus mauvais que je connaisse, pour la plupart masses arrogantes, bien parées et manquant de jambes.

Les chevaux dont nous avons besoin sont les chevaux de commerce, bons à tout, et surtout à remonter la cavalerie.

Nos espèces, tant de fois mal croisées et enfin abâtardies, ont beaucoup plus encore de sang méridional que d'autre : or, comme le principe du croisement est de s'effectuer du nord au midi, de l'est à l'ouest, et réciproquement, je crois que, dans notre situation actuelle, il nous convient de tirer nos espèces du nord pour les jumens françaises. Je recommanderai donc les étalons anglais dits *aujourd'hui* chevaux de chasse; il est bon de préciser l'époque de cette dénomination, car nos voisins d'outre-mer changent de mode à cet égard, comme nous dans nos vêtemens : ce sont maintenant des chevaux forts, vigoureux, un peu gros dans leurs membres, et qui feront fort bien avec nos extrémités minces; ceux de Hanovre et de Mecklembourg, et pour nos grandes jumens normandes, artésiennes et comtoises, quelques beaux napolitains.

La robe n'est point une chose indifférente dans le choix d'un étalon. Bien qu'il y ait de bons chevaux sous tous les poils, il convient cependant de choisir les plus distinguées; ce sont en général :

Le noir franc;

Le bai brun;

Le gris pommelé;

Et l'alezan brûlé.

Il est prudent de se méfier des extrémités

blanches et des chevaux dont la face est tellement marquée de blanc qu'elle reçoit la dénomination de *belle face* ou *tête de vache* : ces
chevaux ont ordinairement la corne ou la vue
mauvaise.

CHAPITRE V.

Des Terrains propres à l'éducation des Chevaux.

———

C'est à tort que beaucoup de personnes prétendent que la France est mal partagée en fait de sol et de pâturages. C'est un propos dicté par le découragement ou la nonchalance de gens qui ne connaissent pas leur pays. Il n'est pas un établissement d'exploitation rurale qui ne puisse fournir un ou deux poulains par an : ce calcul basé sur une moyenne du plus au moins, pas un département qui n'en puisse fournir une quantité plus ou moins grande ; nulle part enfin le pays ne s'oppose entièrement à l'éducation des chevaux. J'en excepterai seulement quelques propriétés partielles d'une nature basse et marécageuse : celles-ci ne donneraient que de très-mauvais produits.

Les terrains préférables pour y établir des races fortes, sèches, robustes et légères sont ceux situés en des lieux élevés et peu couverts de végétation. Ils ont ordinairement la corne dure, le pied sûr, et se nourrissent à peu de frais, qualités éminentes surtout pour des chevaux de guerre. On fait néanmoins de bons chevaux en plaine; mais on doit y profiter de tous les accidens de terrain qui forment des élévations, pour y parquer les poulains.

Les paysans ont la malheureuse manie de croire que la graisse est la plus grande beauté d'un cheval : c'est de la chair et des nerfs qu'il faut leur faire, et l'on n'y parvient pas avec des pâturages trop gras et en les bourrant de foin, comme ils ont la funeste habitude de le faire. J'ai remarqué que, dans la plupart des écuries de paysans et chez beaucoup de maîtres, on donnait à un cheval ce qui aurait fait copieusement la nourriture de trois chevaux : il n'est pas étonnant, d'après cela, qu'on trouve l'entretien de cette race ruineux, et qu'on la laisse dépérir dans les campagnes.

Le cheval bien rationné ne s'en porte que mieux : sa nourriture ne doit pas excéder en tout dix-huit livres par jour pour un cheval de selle, et trente pour un cheval de trait;

3*

ceci calculé sur ce qu'il mange réellement, et non pas sur ce qu'il gâte. C'est de la bonne administration de cette nourriture que dépend la manière dont elle profite : il faut la distribuer en plusieurs fois souvent répétées et en petites quantités.

Il est en France une multitude de terrains non utilisés et que l'on ne croit propres à rien ; qu'on y jette quelques poignées de graine de bon foin, mêlée à la végétation fine et rare qui s'y trouve déjà, cette semence donnera la meilleure qualité de pâturage qu'on puisse désirer pour les races dures.

Il est bien entendu que cette manière de procéder doit être mesurée sur les facultés de chacun ; mais que chacun les utilise, et l'on verra bientôt la France l'un des royaumes les plus riches et les plus recommandables de l'Europe, sous ce rapport, comme elle l'est déjà sous tous les autres.

CHAPITRE VI.

Des soins et de la nourriture à donner aux Jumens pleines.

LORSQUE après avoir été saillies une ou plusieurs fois, les jumens refusent l'étalon, tout porte à croire qu'elles sont pleines. Il est essentiel alors de les traiter avec plus de ménagement, afin de ne pas nuire à leur fruit.

Si c'est une jument de selle, on observera de la sangler un peu moins qu'à l'ordinaire. Si c'est une jument de trait, on évitera de l'atteler au timon, ce qui l'exposerait à recevoir aux descentes ou à la montée des coups qui pourraient la blesser ou la faire avorter.

On observera de même de ne point les charger par à coups, de ne leur faire faire aucun saut ou longue course au galop, et de ne les exposer à aucune frayeur ni à des mouvemens trop brusques.

On fera en sorte qu'à l'écurie elles aient

suffisamment de place, et qu'elles se trouvent assez éloignées des chevaux malins ou vicieux.

Ces précautions, qui sont toujours nécessaires, le sont bien plus dans les trois derniers mois de la gestation. Il est prudent alors de placer la jument dans une écurie vaste et séparée des autres chevaux, afin qu'elle y puisse rester à l'aise et sans être attachée.

D'autres soins appelleront encore l'attention de ceux qui s'adonnent à l'éducation des chevaux : ils doivent considérer qu'une jument pleine que l'on fait travailler a besoin d'un supplément de nourriture; on doit donc ajouter à celle qu'on lui donne ordinairement, en raison de sa taille et du travail qu'on en exige, en évitant toutefois de l'engraisser, ce qui, en altérant la qualité du lait, serait nuisible au poulain.

La meilleure nourriture, pour les jumens dans cet état, est sans contredit l'herbe fine, tendre et fraîche; mais comme on ne peut leur en donner toute l'année, on y suppléera par du sec en bonne qualité, tel que foin, paille de froment, d'orge ou d'avoine, et avoine. On les rafraîchira de temps en temps par quelques barbotages de son; mais ce qu'elles peuvent prendre de mieux est le vert aux champs.

Si l'on est obligé d'avoir recours aux herbages artificiels, on emploiera l'esparcette ou l'avoine semée avec des vesces en fait de vert, en ayant la précaution, nécessaire avec tous les fourrages verts, de ne pas les faucher trop tôt et en assez grande quantité pour qu'ils s'échauffent en restant entassés, et de n'en donner que peu à la fois. Il est très à propos de donner un peu de paille d'avoine aux chevaux que l'on nourrit au vert, en ayant le soin de la hacher ou briser grossièrement.

Il faut éviter de donner des nourritures échauffantes aux jumens pendant la gestation, comme les fèves, le seigle et le trèfle rouge, et toutes les substances qui, bien que nourrissantes, contribuent à amollir les muscles, à faire enfler le ventre en relâchant les intestins; tels sont les marcs et les résidus de distillation, les lies, les pommes de terre, et surtout les substances végétales quelconques contenant un principe de corruption, comme les fourrages et grains moisis, l'eau corrompue et l'herbe des prairies marécageuses.

Les eaux courantes sont en général trop·
vives et trop froides pour les jumens et les
poulains ; on aura soin de leur pratiquer quelques réservoirs près des endroits où ils pais-
sent, afin que l'eau y puisse séjourner. La
gestation rendant les jumens beaucoup plus
altérées, il faut les faire boire plus souvent;
surtout lorsqu'elles sont nourries au sec, mais
jamais lorsqu'elles ont chaud. On s'abstiendra
de les faire pâturer à la fin de l'automne, les
végétaux gelés leur étant très-nuisibles.

L'attention qu'on doit apporter à la bonne
nourriture des jumens est d'autant plus importante que, lorsqu'elle est mauvaise, elle
peut non-seulement causer l'avortement ou
faire naître des poulains malsains, mais encore
être la source d'une infinité de maladies.

Dans un établissement bien ordonné, on
met toujours en réserve le foin de meilleure
qualité, pour le donner aux jumens pleines
pendant l'hiver.

Rien ne dénote la mauvaise tenue d'un établissement comme le fumier croupissant dans
les écuries. On veillera donc scrupuleusement
à ce qu'elles soient chaque jour parfaitement

nettoyées et lavées, s'il est besoin , les vapeurs qui s'exhalent du crottin et des litières corrompues étant très-malsaines pour les chevaux et dangereuses pour leurs yeux.

La propreté n'influe pas moins sur la santé des animaux que sur celle des hommes. On veillera donc, avec la plus scrupuleuse attention, à ce qu'elle soit toujours parfaitement entretenue dans les endroits destinés à les recevoir.

Un agriculteur économe doit, dans son intérêt, veiller au maintien de l'ordre et de la propreté et à toutes les dispositions sanitaires dans son écurie comme dans sa propre habitation.

Lorsque l'époque où la jument doit mettre bas approche, on agrandira la place qu'elle doit occuper, on y entretiendra une bonne litière, et on la déferrera, la laissant ainsi sans être attachée, afin qu'elle puisse choisir sa place, et l'on caressera souvent les mamelles, pour l'habituer à se laisser téter.

Ce sera le moment de redoubler de surveillance, afin d'être prêt à lui porter secours, si le cas l'exige.

CHAPITRE VII.

Des symptômes qui annoncent le part et de la surveillance
à exercer.

———

Le part est l'action de mettre le poulain au monde; la jument est l'animal chez lequel il s'opère le plus facilement. C'est le seul qui s'en acquitte debout, et c'est alors une preuve de force qui est d'un bon augure pour le poulain.

On reconnaît le moment du part aux signes suivans :

Le ventre se tend, les flancs s'affaissent et les mamelles se gonflent ; il s'en échappe même quelques gouttes de lait. La jument devient inquiète, fiente souvent et prend la position d'uriner ce qu'elle fait difficilement; les parties génitales, enflées, ne donnent que des matières glaireuses. La jument se couche et se relève fréquemment, et pousse parfois de petits cris aigus en mordant sa mangeoire ou tirant une bouchée de fourrage qu'elle re-

jette aussitôt ; elle transpire, trépigne , et finit
par mettre au monde son poulain , après quelques minutes de douleurs et d'efforts violens.

Ainsi s'exécute presque toujours le part naturel, dont la durée dépasse rarement une
demi-heure.

Plus une jument a porté de jours au-dessus
de onze mois, plus l'accouchement est facile,
plus aussi le poulain a de force. Il est des jumens qui mettent bas avant les onze mois ré-
volus ; il est rare que leur produit soit bon,
le plus souvent il meurt.

La nature aidant beaucoup la jument pendant le part, il faut mettre beaucoup de cir-
conspection dans les soins qu'un zèle parfois
imprudent porterait à lui donner ; adminis-
trés à contre-temps , ils pourraient devenir funestes.

C'est pourquoi, s'il arrivait qu'elle éprouvât
des douleurs plus prolongées que je ne l'indique, il ne faudrait pas avoir sur-le-champ
recours aux moyens victorieux, surtout lorsqu'il s'agit d'un premier accouchement, toujours plus difficile, et qui demande plus de
patience que de précipitation.

4

Quatre causes rendent le part difficile, qui sont :

1° Le manque de force de la mère, qui provient soit de la faiblesse de la constitution, soit de trop de fatigues pendant la gestation, soit du défaut de soins ou de nourriture ;

2° Les crampes qui viennent d'une trop grande sensibilité d'organes ;

3° Les vents, lorsque la jument a été nourrie de substances venteuses ;

4° La mauvaise position du poulain, son trop de volume ou sa mort.

Dans le premier cas, qui se reconnaît à la contraction vaine et réitérée de la matrice, à la transpiration plus abondante que dans l'accouchement naturel, à la chaleur moindre qu'elle ne devrait être dans les parties génitales internes, et à la position naturelle du poulain, on emploie les remèdes fortifians, savoir :

Un litre de vin blanc ou rouge, une demi-once de cannelle réduite en poudre bien fine, et faire boire chaud de quart d'heure en quart d'heure.

Ou bien, versez un pot d'eau bouillante sur

une poignée de fleurs de camomille et autant de menthe dans un pot que vous couvrez bien, laissez infuser un quart d'heure , et après l'avoir passé dans un linge, faites boire tiède de quart d'heure en quart d'heure.

Lorsque le retardement vient de crampes , ce qu'on suppose par la rapidité avec laquelle les maux se succèdent et les vives douleurs qu'éprouve la jument, employez le dernier des susdits remèdes.

Dans le troisième cas, bien reconnaissable par la dureté du ventre, et le son creux qu'il rend lorsqu'on le frappe , le bruit interne qui s'y fait entendre et la respiration difficile de l'animal, l'infusion de camomille et de menthe est encore bonne ; mais il faut ajouter à chaque dose un quart d'once de poudre d'anis ou de fenouil. Cet accident est ordinairement la conséquence des nourritures venteuses, ou du *tic* dans la mère.

Lorsque le poulain est mort ou trop gros, ou mal tourné, ce qui se connaît par le toucher auquel on a recours lorsque les poches des eaux sont rompues ou qu'elles pendent au dehors de la vulve sans que les douleurs les fassent sortir davantage, le cas devien

difficile, et il faut agir avec la plus grande cir
conspection, appeler un vétérinaire s'il en
est un à portée de donner des secours assez
prompts, sinon l'on peut avec précaution essayer de pratiquer soi-même ce qui suit :

Mettre ses bras à nu, se couper les ongles
se graisser le bras et la main avec de l'huile, et
introduire doucement le bras dans les parties
génitales de l'animal. Si dans cette position on
sent que l'ouverture de la matrice n'est pas
encore dilatée, il faut bien se garder d'essayer
de l'ouvrir avec la main, car, ou la jument
n'éprouve encore que de fausses douleurs, et
l'accouchement est plus retardé qu'on ne
pense, ou bien ce sont des crampes qui le re-
tardent; alors ayez encore recours à l'infusion
de camomille, et faites-la prendre en lavemens en y ajoutant de l'huile de lin; bouchonnez souvent la jument sans trop appuyer,
et faites-lui une litière molle et épaisse afin
qu'elle ne puisse se blesser en se couchant ou en
tombant tout à coup. Ayez recours à ces précautions dans les trois premiers cas, et atten-
dez-en l'effet en laissant agir la nature.

Il est des cas où l'orifice de la matrice ayant
été reconnu ouvert au toucher, l'accouche-

ment n'a pas lieu, soit par la mauvaise position du poulain, soit par son trop de volume
ou la mort, alors il ne faut pas se hasarder à
opérer seul. Je vais indiquer la manière de
procéder, afin de la faire connaître aux propriétaires, mais en les engageant bien à ne
point agir eux-mêmes, et à ne point laisser
agir de ces gens empressés qui, avec plus de
bonne volonté que de savoir, occasionent
des accidens graves où une connaissance approfondie de l'art peut seule amener la chose
à bien.

La position naturelle du poulain se présentant pour naître est celle-ci : la tête sur les
pieds de devant étendue en avant, le nez
tourné contre l'ouverture de la matrice. Toute
position qui n'est pas telle est mauvaise, et
le premier soin de l'accoucheur doit être de
la rendre naturelle.

Il y a des cas où la tête est tournée en arrière, repliée au-dessous, ou tournée à droite
ou à gauche ; les pieds de devant peuvent être
pliés sous le ventre ou croisés par-dessus la
tête ; on a vu des poulains se présenter à la
renverse, d'autres avec un pied seulement

plié et l'autre étendu, etc., etc. La manière
d'opérer doit varier d'après ces diverses particularités, et le succès dépend de l'adresse de
celui qui s'en charge. Ces accidens sont heu-
reusement fort rares lorsque la jument a été
bien soignée pendant la gestation, et c'est ce
qui dépend surtout du propriétaire (1).

Il arrive souvent que la sortie de l'arrière-
faix est retardée ; il ne faut pas, comme on
l'a fait quelquefois, l'arracher de force, ce qui
peut occasioner de fâcheux accidens. Il convient en ce cas de suspendre un poids léger
au cordon ombilical, et de donner à la jument
des remèdes fortifi. ns tels que du vin chaud
avec de la cannelle ou de la muscade.

(1) Dans les accouchemens difficiles, la manière de procéder
varie selon les accidens qui se présentent. Ces opérations sont
trop sérieuses pour que l'on puisse essayer de les faire sans une
expérience bien constatée ; je les indiquerai seulement, afin
que leur appareil ne soit point étranger aux propriétaires de
jumens qui en auraient besoin.

On emploie des lacs pour replacer les membres mal tournés,
comme aussi pour tirer le poulain hors du corps de la mère,
lorsqu'il est d'un volume trop fort.

Quelquefois aussi, l'on est forcé d'en venir à l'extraction
particlle, ce qui arrive fréquemment lorsqu'il est mort. Si sa
position est renversée, c'est-à-dire qu'il se trouve sur le dos, on
doit comprimer le ventre de la mère avec une large sangle
formée d'une couverture, comme si l'on voulait la suspendre,
mais sans lui faire perdre terre.

CHAPITRE VIII.

Soins qu'exigent la Jument et le Poulain jusqu'au sevrage.

Le vide que la jument éprouve dans le ventre après avoir mis bas lui donne souvent un appétit beaucoup plus fort qu'elle ne l'avait auparavant ; il faut donc le satisfaire, mais avec discernement et avec des alimens de bonne qualité, en observant toutefois de ne pas l'engraisser, ce qui rendrait son lait nuisible au poulain. On évitera aussi de lui changer sa nourriture habituelle. Le bon foin, l'avoine et l'orge, l'eau claire sont les alimens qui sont le plus propres à la maintenir en bonne santé, en proportionnant les quantités à ses forces et à ses besoins. Si la jument venait à manquer de lait, quelques jours d'eau blanchie avec du son, de l'orge ou de l'avoine concassée le lui rendront. Il faut avoir soin, dans tout état des jumens, et surtout lors-

qu'elles sont nourrices, de mettre de fréquens intervalles dans la distribution des
alimens, et de les donner toujours en petite
quantité.

Après que la jument a léché son poulain,
ce qu'elle fera facilement si l'on a la précaution de le frotter d'un peu de sel fin; il faudra le présenter aux mamelles. Il est des jumens qui, sans être chatouilleuses, le deviennent en ce moment; il faut en chercher la
cause. Le plus souvent elle provient de la
plénitude des mamelles, qui, gonflées par la
trop grande quantité de lait, deviennent
douloureuses. Si les tentatives réitérées que
l'on fera pour en donner le bout au poulain
sont infructueuses, on essaiera de traire la
jument en procédant doucement.

Si cependant celle-ci se montrait trop sen-
sible à ces parties, ce serait un signe de
grande douleur qu'on parviendrait à soulager
en les humectant fréquemment avec une infusion de fleurs de camomille et de sureau,
auxquelles on ajoutera la même quantité de
graine de lin concassée, le tout infusé un
quart d'heure dans de l'eau bouillante. On

aura soin de préparer les mamelles à ces fo-
mentations en les exposant d'avance à la vapeur de cette infusion, qu'il ne faudra employer que tiède.

Rien n'étant plus propre à donner des
forces aux jeunes chevaux que le grand air,
on laissera sortir la mère et le poulain trois
ou quatre jours après le part, si le temps le
permet.

Si le part avait lieu au pâturage, comme
cela arrive dans les mois de mai et de juin,
on peut y laisser la mère et le poulain, à
moins que le pré ne soit trop éloigné de l'é-
curie. Dans ce cas, on les y ramènerait en y
nourrissant la jument au vert jusqu'à ce que
le poulain fût assez fort pour la suivre.

Les pâturages trop gras pouvant être nuisibles au lait, on placera la jument dans des
endroits élevés sans être néanmoins trop
secs. Les endroits un peu montueux donnent
de l'adresse aux poulains, et développent les
forces de leurs jambes.

Une chose à éviter soigneusement c'est le
passage subit d'un pâturage sec à un qui serait trop nourrissant ; c'est surtout pour le

passage de la nourriture sèche de l'hiver à l'a-
bondance du vert du printemps qu'il faut avoir
cette attention. Il résulterait de cette brusque
transition des maladies fort graves pour le
poulain, telles que la fourbure, la raideur
des membres et des inflammations de poitrine.

Si l'on fait travailler la jument pendant
qu'elle allaite, on doit mesurer sa nourriture
au travail qu'on en exige; il doit être toujours
modéré, et ne commencer au plus tôt qu'un
mois ou six semaines après la naissance du
poulain.

J'ai éprouvé avec succès l'addition d'un pot
de lait de vache à la nourriture journalière du
poulain, surtout lorsque la mère travaille;
on peut le lui donner surtout pendant l'absence de celle-ci, si le genre de travail qu'on
en exige ne permet pas au poulain de la suivre. Il m'a réussi de même pour un poulain
dont la mère ne voulait pas se laisser téter
dans les commencemens. Il arrive en pareil
cas que le poulain souffre de la constipation,
n'ayant pu prendre le premier lait de la mère
qui est ordinairement purgatif. On y remédie

en débarrassant le *rectùm* ou gros intestin de la fiente durcie par des lavemens d'eau tiède et d'huile d'olive ou de lin. Si les douleurs étaient trop vives, on pourrait faire avaler au poulain quelques cuillerées de ces mêmes huiles mêlées dans une infusion de fleurs de camomille.

Une légère diarrhée succède presque toujours à l'évacuation de cette fiente durcie ; c'est un bienfait de la nature qu'il ne faut pas arrêter ; c'est le départ des matières qui se sont accumulées dans les intestins du poulain pendant son séjour dans le ventre de sa mère. Si cependant cette diarrhée ne conservait pas son caractère de bénignité, et durait plus de quatre ou cinq jours en devenant puante et aqueuse, ce serait preuve d'un lait vicié ; on verrait bientôt le poulain perdre de sa vivacité, s'amaigrir, son poil se hérisser ; ses oreilles et ses pieds seraient froids, et il faudrait chercher à y porter remède.

La mauvaise qualité du lait vient quelquefois, comme je l'ai dit, de ce que la jument prend une nourriture trop grasse ou trop abondante. Il faut donc, en ce cas, la mettre à un régime amaigrissant; la paille de seigle est ce qui devient alors le plus convenable.

Mais des alimens gâtés, la mauvaise eau ou des herbes acides sont ce qui nuit le plus souvent à la bonne qualité du lait.

C'est donc par l'amélioration de la nourriture de la mère qu'on peut le plus communément faire cesser cette diarrhée du poulain. Si toutefois l'on n'y parvenait pas par ce moyen, on pourrait faire usage du remède suivant :

Pilez ensemble :

Racine de roseau aromatique et de gentiane; graine d'anis et de cumin, de chaque un quart d'once, que vous mêlerez chaque matin au déjeuner de la jument; vous lui ferez aussi manger des carottes ou de la drèche, le matin, pendant quelques jours. Si le temps est humide, faites rester le poulain à l'écurie, et lui bouchonnez le ventre plusieurs fois le jour en lui faisant prendre trois fois, en vingt-quatre heures, un quart d'once de la poudre suivante, dont vous ferez une pâte liquide avec de l'eau et de la farine ;

Racine de roseau aromatique, une demi-once; gingembre, une demi-once; absinthe, une demi-once; baies de genièvre, une demi-once; menthe ou hysope, une demi-once; coquilles d'œufs calcinées ou magnésie, une demi-once.

Si l'on n'avait pas la facilité de se procurer toutes ces drogues, il suffirait de quelques-unes, pourvu qu'il n'en manquât pas plus de deux ou trois.

On observera, en tout état de choses, de laisser le poulain avec sa mère le plus souvent et le plus long-temps possible; éloignés l'un de l'autre, ils se tracassent, hennissent, ne mangent pas; ce qui nuit à la prospérité de tous deux. Le poulain doit téter au moins cinq fois par jour. On aura soin de le mettre au large autant que possible, rien ne lui étant plus nuisible que de rester long-temps enfermé ou à l'étroit.

Lorsque les poulinières nourrices travaillent, il faut avoir soin de ne laisser téter le poulain qu'après qu'elles sont reposées de leurs fatigues, et leur transpiration bien séchée.

Dans les haras sauvages, les poulains, abandonnés à eux-mêmes, tettent jusqu'à ce que

les douze dents incisives soient toutes sorties ;
ce qui les porte au septième ou huitième mois.
C'est là le terme marqué par la nature, et celui duquel on doit le plus se rapprocher, surtout lorsque les poulains sont faibles ; mais
dans les haras où les poulains élevés à l'écurie
y trouvent une nourriture toute préparée et
souvent hachée d'avance, il n'est pas de ri-
gueur d'attendre aussi long-temps ; on peut
les sevrer à quatre et cinq mois, surtout lorsque les nourrices sont pleines dès le neuvième
jour après le part ; on conçoit que, dans ce
cas, elles sont obligées de nourrir trois indi-
vidus : elles, le poulain né et celui à naître ;
ce qui les conduirait bientôt à l'épuisement
dans les endroits où les fourrages ne sont pas
abondans.

CHAPITRE IX.

Du Sevrage.

—

D'après la naissance des poulains, qui a lieu ordinairement aux mois d'avril et de mai, on pourra les sevrer en août et septembre, époque à laquelle le vert qu'on peut leur donner est moins échauffant. Il faut éviter cependant les regains. Plusieurs personnes redoutent le sec, et surtout l'avoine, pour le sevrage : je ne suis pas du tout de leur avis ; de bon foin de l'année précédente, de la paille hachée et de l'avoine sont les meilleurs alimens qu'on puisse donner aux poulains ; ils les fortifient, les mettent bien en chair, les empêchent de devenir mous et de prendre le ventre de vache, et leur font un beau poil.

La meilleure manière de les leur distribuer est celle qui offre le plus de régularité. On peut donc adopter la méthode suivante :

Au lever du soleil, une *jointée* d'avoine (on

appelle ainsi ce que peuvent contenir les deux mains réunies d'une grande personne), à laquelle on mêle de la paille hachée et un peu de foin ; après quoi on les fera boire et on les laissera courir au grand air jusqu'à dix heures. A dix heures, une seconde jointée d'avoine ; à midi, du foin ou de la paille, et, après qu'ils auront bu, on les remettra en liberté. A quatre heures, après boire, troisième jointée d'avoine, et une heure après, du foin et de la paille mêlés.

On ne peut en prescrire la quantité pour les poulains, attendu que tous n'ont pas le même appétit ; mais il est à remarquer que leur première année étant celle où ils grandissent le plus, il serait pernicieux de les laisser manquer de nourriture. Il sera bien, pour que la transition du lait et du vert à la nourriture sèche ne soit pas trop rapide, de leur donner, dans le commencement du sevrage, des carottes et de la drèche. Ces plantes devraient être cultivées en abondance dans les établissemens où l'on élève des chevaux ; car, outre qu'elles sont d'un bon rapport, leurs sucs sont extrêmement salutaires pour ces animaux, et rendent plus bénignes les maladies auxquelles ils sont sujets dans leur jeunesse.

J'insisterai particulièrement sur la régularité des repas, pendant les premières années du cheval; sur la multiplicité dont ils doivent être, et sur la petite quantité d'alimens dont ils doivent se composer. De cette manière ils seront d'une digestion plus facile, et l'estomac des jeunes chevaux sera toujours occupé, sans être jamais surchargé.

Il est plus facile et plus salutaire de sevrer le poulain en le séparant de sa mère, que de les laisser ensemble. A cet effet, on laisse les jumens au vert, et l'on enferme les poulains dans une vaste écurie, où ils ne seront point attachés, en les laissant sortir, aux heures indiquées plus haut, dans des lieux éloignés de leurs mères. Ces écuries seront tenues dans le plus grand état de propreté, et toujours munies d'un grand baquet d'eau claire, garni d'un couvercle qu'on n'ouvrira jamais qu'une heure après la rentrée des poulains, afin qu'ils ne puissent boire ayant chaud.

On s'abstiendra, les deux premières années,

4*

de panser les poulains aussi régulièrement que les vieux chevaux ; cela nuirait à leur croissance ; mais on doit de temps en temps les brosser doucement et sans appuyer, les essuyer quand ils ont chaud, et leur faire, pour la nuit, une bonne litière où ils puissent se rouler à leur aise.

Il sera bien de veiller déjà aux pieds des poulains, afin qu'ils ne prennent pas de conformation vicieuse. Si l'on s'apercevait de quelque excroissance ou déviation dans les lignes de leur forme naturelle, on y remédierait peu à peu en coupant avec prudence l'excédant de corne qui se montrerait d'un côté ou d'un autre. On peut aussi en niveler la surface extérieure au moyen d'une râpe douce et d'un verre, en opérant horizontalement et jamais de bas en haut ou de haut en bas. Après cette opération on oindra la corne avec du suif. Il faut se garder, en tout ceci, de trop raccourcir la pince, qui est le devant et la pointe du sabot, ou de trop évider la sole.

CHAPITRE X.

Des soins à donner aux Poulains pendant le deuxième été.

LE vert est sans contredit une bonne nourriture pour les jeunes chevaux, mais il n'est
pas bien démontré que ce soit autant par sa
substance nutritive que parce qu'il les expose
au grand air et leur procure un exercice naturel. J'ai essayé de nourrir des poulains au sec
dans un pâturage où ils pouvaient courir à volonté, et ils donnaient toujours la préférence
à cette nourriture sur l'herbe tendre qu'ils
étaient à même de brouter, et à laquelle ils ne
s'arrêtaient qu'après avoir entièrement con-
sommé le sec. Cependant, comme cette méthode serait trop coûteuse aux agriculteurs
pour qui j'écris ce livre, je ne donne ceci que
comme observation, et non comme principe.
On fait de bons chevaux au vert, en prenant
toutes les précautions que je vais indiquer.

L'allaitement et le premier hiver passés, et l'époque de mettre les poulains au vert pour la deuxième fois arrivée, il faut en bien choisir le moment ; la variété de température, qui a lieu dans nos départemens selon que le sol en est plus ou moins élevé, et les diverses natures de pâturages font qu'on ne peut fixer positivement ce moment. Toujours est-il qu'on fera bien, dans les commencemens, de ne conduire les poulains au pré que sur des lieux élevés et lorsque les rosées du matin seront évaporées. On évitera les pâturages humides, acides et marécageux, et on ne fera descendre les élèves dans les endroits moins exposés au soleil qu'à mesure que la saison sera plus avancée.

Lorsque les poulains pourront se baigner dans leur abreuvoir, cela n'en vaudra que mieux ; car le bain est une chose fort salutaire pour le bétail, et particulièrement pour les chevaux. On aura soin toutefois qu'ils ne se baignent pas ayant chaud, comme aussi assez peu de temps avant de rentrer à l'écurie, pour qu'ils n'aient pas eu celui de se sécher à l'air.

On suivra, pour faire repasser les poulains

du vert au sec, la même progression que pour
la transition du sec au vert ; c'est-à-dire qu'on
ne les laissera plus au pré, dans l'automne,
qu'aux heures du jour les plus chaudes, pour
les préserver des gelées blanches du matin et
des fraîcheurs de la soirée.

On aura soin, à cette époque, de ne jamais
les conduire à jeun au pâturage ; on les y pré-
parera en les abreuvant et leur donnant quelques poignées d'avoine et de fourrage. Ces
précautions les préserveront de gourmes malignes et de plusieurs autres maladies.

Lorsque les poulains ont un an révolu, il
convient aux simples agriculteurs de les
faire châtrer. L'éducation des étalons étant
coûteuse et sujette à une foule de soins
et de formalités, il faut la laisser aux personnes qui s'en occupent en grand et qui
en font la base de leur système d'exploitation.
L'agriculteur qui n'aura pour but que de s'entretenir de bons chevaux de travail, et d'en
livrer quelques-uns au commerce, fera donc
bien de ne pas s'exposer aux embarras qu'en-
traînent après eux les chevaux entiers. Il observera toutefois, à l'égard de ceux qui annon-

ceraient des dispositions à une encolure grêle de ne leur faire l'opération que plus tard, en ayant soin, jusqu'à ce moment, de les tenir séparés des femelles et même des poulains déjà châtrés; car les unes et les autres exposeraient les poulains entiers à un énervement anticipé.

Il sera toujours plus productif et plus simple, pour le cultivateur, de s'occuper plus spécialement de l'éducation des jumens.

Chez les cultivateurs assez aisés pour faire construire dans leurs pâturages des hangars où les poulains puissent s'abriter contre les injures du temps, il sera bien de les laisser dehors, jour et nuit, pendant les six beaux mois de l'année; car il est à remarquer que l'air est ce qui fortifie le plus les jeunes chevaux et leur donne un meilleur fonds de santé. Ces hangars devront être clos aux vents ouest et nord.

Quelques personnes font paître leurs poulains dans des taillis herbus. Cette pâture est bonne; mais, outre l'inconvénient d'exposer les poulains à devenir celle des loups en de certains pays, ils courent le risque de se gâter les pieds, auxquels les troncs et les chicots peuvent occasioner de graves accidens.

.CHAPITRE XI.

Deuxième et troisième années des Poulains.

———

COMME c'est l'époque où les poulains con-tinuent à prendre le plus de croissance, il faut les nourrir en conséquence : aussi leur donne-t-on de plus fortes rations de fourrage en hi-ver, sans que pour cela la quantité d'avoine dépasse le poids de trois livres par jour.

Lorsqu'on aura des poulains d'âges diffé-rens, comme les gros mangent plus que les petits, il faudra les séparer. On suivra, du reste, pour l'hivernage, la méthode indiquée pour la première année, en redoublant de soins pour la propreté des écuries et des pou-lains, pour lesquels on n'emploiera pas encore l'étrille, mais qu'on nettoiera fréquemment, afin d'empêcher que la malpropreté s'oppose au libre cours de la transpiration, et n'occa-sione des maladies dangereuses, telles que la gale, la vermine, etc., dont je parlerai plus tard.

Beaucoup d'agriculteurs, trop pressés de jouir, font travailler des poulains de deux ans et demi à trois ans : c'est le plus grand tort qu'ils puissent se faire et à l'espèce des chevaux en général. Ce ne serait pas trop, si l'on voulait la régénérer, qu'une loi défendît cet abus de force sur un animal si nécessaire et si précieux. Jusqu'à l'âge de quatre à cinq ans, ses os n'ont pas acquis assez de solidité pour résister à un travail, quelque léger qu'il soit; le poids seul du harnais, si mal entendu en France, lui est nuisible dans un âge aussi tendre.

De cette déplorable manie vient la quantité de chevaux mal conformés et malingres qu'on rencontre partout, quoique souvent issus de bons étalons et de bonnes jumens; cette foule de chevaux huchés sur leur derrière et arqués sur leur devant, pour avoir tiré trop tôt; ou ensellés, pour avoir été montés trop jeunes. Que le paysan ne s'y trompe pas, il ne perdra point pour attendre; en laissant croître ses élèves, et en les nourrissant jusqu'à quatre ans et demi, il regagnera, par la vente, au delà de ce qu'il aura dépensé, sans compter la prime du gouvernement, s'il présente un joli cheval.

On ne s'occupera donc, la troisième année, que des dispositions préparatoires à l'éducation du poulain, à soigner les maladies qui surviennent ordinairement à cet âge, et à ce qui peut contribuer à sa beauté de cheval: ainsi le soin des pieds, dont j'ai déjà parlé; la coupe des crins, qu'il sera bien d'exécuter à la queue et à la crinière, pour les rendre plus longs et plus forts. Il sera à propos de tenir les poulains dans des pâturages plus élevés, afin de leur donner la facilité de développer leurs forces et leur adresse. On évitera avec soin tout ce qui pourrait les épouvanter et les rendre sauvages. C'est à cette époque que des soins réguliers et une nourriture plus réglée qu'abondante leur deviendront indispensables.

On les accoutumera à se laisser approcher, à se laisser lever les pieds l'un après l'autre, on y frappera de petits coups sous la sole, et progressivement de plus forts, pour les accoutumer à souffrir le ferrage sans résistance. Ils pourront être aussi enfermés un peu plus longtemps, mais dans des écuries claires, propres.

5

et bien aérées, et sans être attachés ; car aussi
long-temps qu'un cheval croît, il faut le laisser en liberté ; autrement il risque fort d'être
mal placé sur son devant. On visitera souvent
aussi la bouche du cheval, afin d'aider la den-
tition ; ce qu'on fera en extrayant doucement
les dents de lait, à mesure qu'elles se déta-
cheront de l'alvéole pour faire place aux dents
de cheval. Souvent la douleur que cette révolution fait éprouver aux jeunes chevaux les
porte à ronger la mangeoire ou tels autres objets qui se trouvent à leur portée ; ce qui leur
donne une mauvaise habitude qui peut dégé-
nérer en tic, défaut assez grave pour empêcher la vente.

CHAPITRE XII.

Quatrième année. — Manière de préparer les jeunes chevaux
au travail.

C'est à tort que quelques hommes réputés
habiles, et notamment M. Backmann, célèbre
vétérinaire prussien, prétendent qu'à quatre
ans un cheval peut être considéré comme
cheval de travail. La nature a suffisamment
marqué l'époque où l'on peut exiger de lui ce
que ses forces lui permettent : c'est celle où sa
croissance est achevée, où toutes ses dents de
lait sont tombées, où il est *cheval* enfin, cinq
ans. Croire que telle ou telle race de chevaux
doit être attendue plus long-temps qu'une
autre est une absurdité fondée néanmoins,
mais sur la manière dont on élève les races
dont il s'agit. Qu'on suive, pour l'éducation
des chevaux limousins les principes que j'indique, et l'on en pourra jouir tout aussitôt
que des autres.

De quatre à cinq ans, le poulain sera pansé avec le même soin qu'un cheval fait, et ferré; on pourra néanmoins ferrer de meilleure heure, et dès leur troisième année, ceux qui habiteraient un pays rocailleux.

C'est vers l'automne, à quatre ans et demi, qu'on peut commencer à faire travailler les jeunes chevaux, non dans le but d'en tirer d'utiles services, mais seulement pour les habituer à ce qu'on exigera d'eux par la suite.

On commencera par leur mettre un bridon dont le mors sera de bois ou de fer étamé, et dont les canons seront gros, afin qu'ils fatiguent moins les barres; ensuite on les fera monter par un cavalier léger, qui les mènera doucement et au pas, sans en exiger autre chose que de marcher droit devant eux. Ces leçons seront répétées deux fois par jour, et dureront chacune un quart d'heure. Peu à peu on les habituera à la selle, en la leur posant doucement sur le dos et les laissant sellés une heure ou deux à l'écurie, arrivant graduellement à les sangler au degré voulu, et avec une selle à croupière. On pourra les brider au bout d'un mois de cet exercice, et les faire travailler au pas et au trot, en leur apprenant à tourner à droite et à gauche, et à obéir aux aides dont on se sert pour les conduire.

Je ne suis nullement partisan du travail au caveçon et en cercle : il est rare qu'un cheval de selle ainsi exercé conserve de beaux aplombs et soit bien assis. Il faut faire trotter le cheval au large, et monté par un bon cavalier qui ait la main légère.

Je passerai rapidement sur ces détails, qui sont rarement de la compétence des agriculteurs, pour arriver aux chevaux de trait.

C'est en leur mettant un harnais léger et en les attelant avec de vieux chevaux à de petits fardeaux qu'on parvient à les dresser au tirage. Il y a deux manières d'atteler les chevaux : le collier et la bricole. Je rejetterai tout-à-fait la deuxième, non-seulement comme tirant un moindre parti des forces du cheval, dont les épaules ne sont pressées que sur un point, mais encore comme pouvant gêner ses mouvemens et sa respiration.

J'adopterai donc le collier, et j'aurai soin d'observer qu'il soit bien fait à la mesure du cheval, c'est-à-dire, posant également sur toutes les parties d'où vient sa force, ne le gênant d'aucune part, évitant néanmoins qu'il soit trop large; car il blesserait de même le cheval, comme s'il était trop étroit. Tous ces petits soins, que nous n'avons guère, et pour lesquels nos voisins les Anglais et les Allemands nous donnent de si bons exemples, contribuent grandement à la santé, à la conservation et au bon caractère des chevaux.

Il faut, dans le commencement, laisser un peu de liberté aux jeunes chevaux qu'on attelle; ensuite on les habitue peu à peu à se laisser enréner un peu court; ce qui les soutient et leur donne plus de grâce et de facilité à prendre leur vent. On les dérénera aussitôt leur travail fini et dans de fréquens repos qu'on leur donnera. On évitera, autant que possible, de les laisser trop long-temps à la pluie, au grand froid ou à l'ardeur du soleil, sans être munis de chasse-mouches, afin d'éloigner d'eux tout ce qui peut ajouter à l'incommodité qu'ils éprouvent d'un exercice inaccoutumé. Enfin, à cinq ans même, on n'exigera d'eux qu'un travail modéré, laissant le plus pénible aux chevaux plus âgés.

CHAPITRE XIII.

Maladies des Chevaux les plus importantes à connaître.

Je parcourrai les diverses maladies qui affectent le plus communément les chevaux, en conseillant quelques remèdes simples dont l'efficacité a été souvent démontrée par l'expérience, et qui mettent mes lecteurs à même de se passer du vétérinaire, lorsqu'ils n'en auront pas à leur portée, les engageant toutefois à avoir recours aux gens de l'art, lorsque la gravité du cas l'exigera.

Je commencerai par les maladies qui ont leur siége dans la tête; telles sont :

Les vertiges ou vertigo;

Les maux d'yeux;

Les gourmes bénigne et maligne;

La morve;

La morfondure;

Les barbes et le lampas;

Le tic.

Des Vertiges.

Les vertiges, connus plus communément sous le nom de *vertigo*, ont leur siége dans le cerveau. On reconnaît cette maladie aux symptômes suivans : le cheval perd de sa sensibilité; il devient taciturne, inattentif et paresseux; il ne mange plus, et son regard est fixe; la pupille est dilatée et l'œil terne; il baisse la tête, et ne la relève de temps en temps que pour tirer sur sa longe et arracher du râtelier quelques bouchées de fourrage qu'il ne mange pas. S'il lui arrive d'en avaler quelque peu, c'est après l'avoir gardé long-temps dans la bouche sans le mâcher. Quelquefois il plonge son nez dans l'eau et la mâche comme si c'était de la nourriture; il reste assez ordinairement dans la position qu'on lui fait prendre, quoiqu'elle ne soit pas naturelle : ainsi, en lui croisant les pieds de devant, il y reste avec stupidité. Il appuie sur la bride en marchant; et lève les pieds très-haut sans avancer beaucoup; il est insensible aux coups, et ne lève pas le pied quand on lui marche sur le paturon.

Ces signes sont plus ou moins apparens,

suivant le degré d'intensité du mal dont le cheval est atteint; mais ils sont presque toujours
infaillibles, et se manifestent le plus souvent
chez les chevaux dont la tête est lourde et
chargée de chair.

Cette maladie est celle qu'on peut regarder
avec le plus de certitude comme héréditaire,
surtout quand elle vient du fait des jumens.
Les personnes qui croient les en guérir en
leur donnant l'étalon sont dans la plus profonde erreur; il est, au contraire, prouvé
qu'elle devient plus forte dans le poulain d'une
jument qui en est atteinte. Lorsque ce mal n'a
d'autre caractère que la stupidité décrite plus
haut, on peut le traiter par de fréquentes saignées et un long régime rafraîchissant, en
privant le cheval d'avoine et le mettant à l'eau
blanche, c'est-à-dire, au son délayé dans de
l'eau, qu'on lui donne trois fois par jour; mais
lorsqu'il rend le cheval furieux au point de
donner de la tête contre les murs, de tourner
les yeux et de se jeter par terre, il peut être
regardé comme incurable.

Des maux d'yeux.

Il en est de plusieurs sortes : ceux dont il faut se défier le plus sont les moins apparens. J'en ai parlé à mon premier chapitre, comme graves, en ce qu'ils sont héréditaires et incurables; les chevaux qui en sont atteints peuvent être employés à divers travaux agricoles, mais ne doivent point servir à la propagation de l'espèce; on doit s'en défaire le moins désavantageusement possible, et se garder surtout d'en acheter, quel que soit l'espoir de guérison que vous donnent les vétérinaires et les marchands. Pour empêcher les progrès de ces maladies, qui viennent toujours de l'épaississement ou de la trop grande abondance d'humeurs, il faut purger souvent les chevaux qui en sont atteints, après leur avoir donné deux lavemens par jour, quatre jours avant la purgation. Ces lavemens seront composés d'eau tiède, dans laquelle on aura fait bouillir du son, et que l'on aura ensuite passée dans un linge. Les saignées de trois mois en trois mois sont aussi d'un bon effet contre ces maladies. Toutes les drogues et les collyres que l'on vend et que prescrivent les charlatans en pareil cas sont autant de tromperies qui ne font qu'induire les propriétaires crédules en dépense, sans procurer d'heureux résultats.

De la Gourme bénigne.

La gourme bénigne et la morve sont des maladies dont il importe d'autant plus de bien connaître les symptômes, lorsqu'on élève des chevaux, qu'elles sont contagieuses et veulent être combattues dès leur principe.

Les chevaux sont sujets à la gourme à tout âge, dit-on; cependant je n'ai jamais vu que des jeunes chevaux qui en fussent atteints. Il y a des pays où cette maladie n'est pas connue; plusieurs agriculteurs anglais, qui font des chevaux en grand, en ignorent tout-à-fait l'existence. Chez nous elle est, pour les poulains, comme la maladie chez les chiens, et, pour ainsi dire, comme la petite-vérole chez les enfans; on l'attend avec anxiété, et c'est une époque difficile à passer. D'où cela vient-il? encore du peu de soin qu'on apporte à l'éducation des chevaux, du peu d'intérêt qu'on y attache, de la mauvaise nourriture qu'on leur laisse plutôt prendre ou chercher qu'on ne la leur donne. Ce qui le prouve, c'est que j'ai élevé avec soin plusieurs beaux poulains qui n'ont jamais eu de gourme, et je doute qu'elle leur vienne plus tard.

Outre la contagion, les causes qui peuvent donner la gourme bénigne sont : une température malsaine, le défaut de soins, le passage subit du chaud au froid ou du vert au sec, et réciproquement. Voici quels en sont les symptômes :

Le cheval devient triste, il baisse la tête et tremble ; ses yeux se ternissent et deviennent larmoyans ; son poil se hérisse ; il tousse et ne mange que peu ou point. Un jour ou deux après, il se manifeste, par les naseaux, un écoulement d'une matière gluante et blanchâtre assez liquide dans le commencement, mais qui devient ensuite plus épaisse et se colore en jaune. Il se forme sous la ganache une grosseur dure et douloureuse d'abord, mais qui s'amollit et finit par percer en laissant écouler une matière blanche, inodore et épaisse. Lorsque la maladie suit ainsi son cours, l'animal reprend bientôt sa vivacité et son appétit ; l'écoulement des

naseaux se tarit; les plaies de la ganache se
cicatrisent, et la santé se rétablit. Lorsque la
maladie s'annonce sous des auspices aussi bé-
nins, on doit avoir soin de tenir les malades
dans une écurie bien sèche, et d'en purifier
l'air de temps en temps par des fumigations,
ou en y laissant pénétrer quelques rayons de
soleil, si elles sont convenablement exposées.
On mettra les chevaux à un régime doux, en
leur supprimant l'avoine, qu'on remplacera
par des carottes ou de la drèche. On tiendra
chaudement la tumeur survenue sous la ganache, au moyen de cataplasmes émolliens ou
d'une peau de mouton, et l'on en facilitera la
suppuration en la graissant avec du sain-doux
mêlé d'huile de térébenthine, après quoi on
l'ouvrira avec précaution, ayant soin d'attendre sa maturité. Cette opération faite, on main-
tiendra la plaie bien propre, et l'on fera aspi-
rer aux chevaux auxquels on remarquera une
toux plus sèche, la vapeur d'une décoction de
graine de foin ou de drèche, et l'on mêlera à
leur boisson, qu'on leur fera prendre tiède,
quelque peu de marc de graine de lin.

Lorsque le malade en sera à ce point, on

pourra lui faire prendre la poudre suivante :

Graine d'anis ou de fenouil, une once.

Racine de gentiane, une once.

Roseau aromatique, une once.

Poudre d'antimoine, une once.

Fleur de soufre, une once.

Et trois coquilles d'huîtres ou d'œufs cal-cinées.

Réduisez le tout en poudre fine, et faites-en prendre trois fois par jour, à quatre heures de distance, la valeur d'une once aux poulains d'un an, et le double aux plus âgés. La manière la plus facile de l'administrer est de la mettre sur du grain concassé et mouillé, ou bien on peut en faire une pâte avec de la farine et de l'eau ou du miel, en continuant ainsi jusqu'à ce que l'écoulement des naseaux ait cessé, époque où l'on augmentera la nourriture du cheval.

Cette maladie dégénère souvent en gourme maligne chez les poulains issus d'une race malsaine, ou qui auront été exposés aux inconvéniens contre lesquels j'ai cherché à les garantir dans le cours de cet ouvrage. Dans ce cas, les humeurs étant viciées, et la nature de l'animal n'étant point assez robuste pour les pousser au dehors, il peut se faire que quelqu'une des parties nobles en soit infectée et se mette en suppuration.

Le cheval devient alors languissant; épuisé, il maigrit; sa peau s'attache à ses os, son poil devient long et terne, le ventre se retire, la respiration est courte et gênée; les glandes de la ganache ont de la peine à s'ouvrir et à se mettre en suppuration; la membrane pituitaire, qui est la paroi rouge qui tapisse intérieurement les fosses nasales, pâlit, et la matière qui en découle est roussâtre et quelquefois puante; des grosseurs plus ou moins multipliées apparaissent entre cuir et chair, et rentrent sans percer au dehors.

Des symptômes aussi fâcheux font une loi d'avoir recours aux gens de l'art, qui seuls peuvent être juges compétens en pareil cas.

Quelque bénigne que soit la gourme, on ne doit point oublier qu'elle est contagieuse; on séparera par conséquent les chevaux qui en sont atteints de ceux qui ne le sont pas.

Toute gourme qui, ayant résisté aux remèdes indiqués ci-dessus, prend les caractères suivans, devient des plus suspectes et dégénère presque toujours en morve :

1°. Si les glandes engorgées sous la ganache sont dures, sans inflammation ni douleur, et si, fixées à l'os de la mâchoire, on peut en détacher la peau qui les couvre, en la pinçant ;

2°. Si, au bout de huit jours, elles ne sont pas en suppuration ou dissipées par l'écoulement des naseaux ;

3°. Si les tumeurs ne se forment que d'un côté de la ganache, si l'écoulement n'a lieu que par un seul naseau, et si l'œil du même côté pleure plus que l'autre ;

4°. Si la matière qui découle des naseaux s'y attache et forme croûte intérieurement; s'il arrive qu'elle sorte en flocons, qu'elle ait quelques traces de sang, que la membrane pituitaire soit tachée de rouge, et que le cheval éprouve de fréquens saignemens de nez, la morve est déclarée, et le cheval est perdu; car des essais renouvelés plusieurs fois avec zèle, par des artistes de l'école d'Alfort, ont toujours été infructueux. La loi contraint alors le propriétaire à abattre un cheval parvenu à ce degré de maladie, et il est de son devoir et de son intérêt de désinfecter ses écuries et de détruire tout ce qui a été mis en contact avec le cheval pendant sa maladie; les vêtemens mêmes des gens qui l'ont soigné doivent être passés au soufre, s'ils en valent la peine, ou tout au moins à la lessive bouillante.

Les râteliers et mangeoires seront lavés à la lessive bouillante, ainsi que les seaux et baquets, dans lesquels on fera dissoudre de la chaux vive, dont on passera une forte couche sur tous les murs, planchers et objets attenant à l'écurie, dans laquelle on ne remettra de chevaux qu'après y avoir fait de fortes fumigations de paille et de vinaigre brûlé, et l'avoir laissée ouverte pendant plusieurs jours au courant d'air.

La morve ne vient pas toujours de la gourme. Outre la contagion, qui en est une source très-commune, il est mainte autre maladie qui l'occasione, telles que la gale, dont je parlerai plus tard, l'inflammation de quelque partie interne, d'anciennes plaies au garot, la misère, le défaut de soins, etc. Tant il y a que toutes ces maladies doivent être soignées avec

5*

attention, et particulièrement les gourmes, pendant lesquelles le cheval reprend son appétit, et souvent de l'embonpoint; il n'est pas rare que, dans les plus malignes, le cheval se maintienne en meilleur état que dans la gourme simple.

De la Morfondure.

La *morfondure* a beaucoup de ressemblance avec la morve; l'une succède souvent à l'autre. En introduisant, à l'aide d'une lancette, un peu de matière des ulcères de la morfondure dans la membrane pituitaire d'un cheval bien portant, on produit la morve. L'expérience l'a prouvé.

On reconnaît un cheval atteint de cette maladie à la quantité de loupes ou vessies qui lui viennent aux lèvres, au cou et à diverses parties du corps. La grosseur de ces vessies varie depuis le volume d'un pois jusqu'à celui d'une noix. Peu à peu elles deviennent autant d'ulcères, dont les bords sont gonflés et donnent une matière puante et qui colle les poils. La morfondure est encore une maladie contagieuse presque incurable, et contre laquelle il faut prendre les mêmes précautions que contre la morve.

Des Barbes.

Les *barbes* sont de petites excroissances de chair qui surviennent parfois à deux doigts en arrière des crochets, dans la partie interne de la mâchoire inférieure, et qui empêchent le cheval de boire et de manger. Il arrive souvent qu'on administre une foule de remèdes sinon nuisibles, tout au moins inutiles, à un cheval qui a perdu l'appétit et qu'on voit dépérir. On doit s'assurer d'abord si les barbes n'en sont point la cause, et les faire extirper par un maréchal adroit. Quoique ce soit une opération assez simple, il ne faut jamais qu'une main non exercée se permette d'employer le fer ou le feu sur un cheval.

Du Lampas.

Le lampas a le même inconvénient que les barbes. C'est une tumeur qui gêne le cheval dans le broiement des alimens ; elle survient ordinairement derrière les pinces de la mâchoire supérieure, et en dépasse le tranchant,

ce qui cause à l'animal une vive douleur lorsqu'il mange. Il est prudent de s'adresser à un
maréchal expert pour percer et cautériser cette
tumeur. L'opération mal faite pourrait causer
de graves accidens.

Toutes les fois qu'on passera l'inspection
de la bouche d'un cheval, et que pour cela
faire on aura besoin de déranger la langue de
son auge et de la tenir hors de la bouche, on
devra avoir l'attention de ne la tenir que très-
légèrement, car il serait possible qu'elle vous
restât à la main, si le cheval faisait un mouvement de tête en arrière ; de tous les animaux,
le cheval étant celui dont la langue est le moins
solidement attachée.

Du Tic.

Le *tic* est plutôt une mauvaise habitude
qu'une maladie; mais il peut en occasioner de
dangereuses : les tranchées, par exemple,
dont on voit mourir beaucoup de chevaux.
Il y a plusieurs sortes de tics. Le plus dangereux est celui qui porte le cheval à appuyer
sur un corps dur en le rongeant, tels que la
mangeoire ou le râtelier. Dans le même instant

il rote, ce qui devient un bruit d'autant plus désagréable à entendre qu'il se répète souvent, ce qui remplit de vents le corps de l'animal, et lui donne des coliques. Le cheval tiqueur abandonne son manger pour se livrer à son habitude favorite: de là la maigreur, le dépérissement et diverses maladies. Le tic se communique par le voisinage; il n'est point héréditaire; mais il est probable que le poulain d'une jument tiqueuse tiquera s'il reste long-temps auprès d'elle.

On déshabitue rarement un cheval du tic; mais il est des moyens préservatifs qu'on peut employer avec succès, lorsqu'on s'aperçoit qu'un cheval y a des dispositions.

1°. Il faut lui faire manger son avoine dans un sac ou musette, qu'on lui attache à la tête.

2°. On peut l'attacher haut et court, à deux longes, ou garnir la mangeoire de fer. On doit s'abstenir de tout autre moyen qui porte avec soi quelque inconvénient: ainsi les mangeoires hérissées de pointes, les coups ou autres niches vulgaires qui peuvent influer beaucoup sur le caractère et la santé du cheval.

CHAPITRE XIV.

Maladies du corps.

LES fatigues et les mauvais traitemens auxquels le cheval est exposé dans tout le cours de sa vie, surtout en France, disons-le à notre honte, le rendent sujet à une multitude de maladies. Mon but n'étant point de faire un cours d'hippiatrique, je n'en parlerai que superficiellement, et seulement de celles qu'il importe le plus de connaître.

De la Gale.

Parmi celles qui affectent particulièrement le corps des jeunes chevaux, la *gale* est une des plus communes et des plus dangereuses. Elle est contagieuse, a souvent des résultats fâcheux, et se manifeste par une démangeaison continuelle, qui porte le cheval à se gratter contre tout ce qu'il rencontre. La gale paraît d'abord dans les crins, au toupet, à la partie

interne des paturons de devant, aux épaules
et aux flancs. Bientôt le poil de ces parties se
hérisse et tombe ; la peau devient rude, écail-
leuse, et se couvre de petites vessies qui contiennent une eau roussâtre, qui humecte sans
cesse la partie malade. Cette maladie tue beaucoup de jeunes chevaux, par l'affaiblissement
qu'elle leur cause ; il faut donc bien nourrir
ceux qui en sont atteints, et les maintenir
aussi propres que possible. On frottera d'abord
avec du savon commun les parties galeuses,
ensuite on les lavera avec de l'eau tiède, puis
on frottera les endroits malades avec un bou-
chon de paille sèche. Après avoir fait cela pendant quelques jours, on le répétera avec de
la lessive de cendres de bois et de tabac noir
ordinaire, et lorsque la peau sera sèche, on
frictionnera avec l'onguent ci-après :

Huile de térébenthine, demi-once.

Huile de pétrole, demi-once.

Huile d'asphalte, une once.

Savon gris, une livre.

Mêlez le tout avec une spatule pour faire
l'onguent. Au bout de très-peu de temps on
parvient avec ce traitement à guérir la mala-

die, lorsqu'elle n'est pas trop invétérée; mais lorsqu'elle a pris un caractère plus grave, qu'elle s'étend par exemple sur toute la surface du corps, comme il faut avoir recours à des remèdes plus actifs, on devra s'en rapporter à un vétérinaire habile. Quels que soient les remèdes qu'indique celui-ci, il sera toujours bon de continuer à laver le cheval tous les deux jours avec le savon et la lessive dont il a été parlé plus haut.

L'expérience a prouvé que la gale des chevaux se communiquait aux hommes; il est donc urgent d'employer la plus grande précaution à ce traitement, comme à celui de la morve, et des maladies contagieuses dont il a déjà été question. On pourra seulement se contenter de laver à la lessive bouillante les harnais et autres objets qui auraient servi aux chevaux malades.

Des Pous.

Les *pous* s'emparent souvent des jeunes chevaux, et nuisent à leur accroissement, en s'opposant au repos dont ils ont besoin, par la démangeaison continuelle qu'ils occasionent. Il est extrêmement facile de s'apercevoir de leur présence et de les détruire. On s'en assurera par de fréquentes inspections de la crinière et de la queue, ainsi que du poil des jambes et du corps, et on lavera le cheval en entier, à plusieurs reprises, avec de la lessive dans laquelle on fera infuser du tabac commun.

Le poil bien séché, on frottera avec de l'huile de lin les places les plus exposées à cette vermine, qui provient toujours de la cause générale de presque toutes les maladies, la mauvaise nourriture et la malpropreté.

Des Vers.

Les *vers* sont communs à tous les chevaux. Il est démontré qu'ils en contiennent tous une grande quantité; mais il en est qui en souffrent plus que d'autres dans leurs premières années. Bien qu'issus d'étalons et de jumens sains et de bonne race, ils dépérissent sans qu'on puisse apercevoir en eux d'autres symptômes de maladie. On peut attribuer ce dépérissement aux vers, surtout si l'intérieur de la bouche, la membrane pituitaire et l'in-

6

térieur de la vulve dans les jumens sont d'un rose pâle. Ces symptômes sont ordinairement accompagnés de légères coliques, et quelquefois les animaux qui en sont atteints rendent des vers parmi leurs excrémens; alors plus de doute, et l'on peut les en débarrasser avec le remède suivant :

Racine de fougère,	une once.
Absinthe,	une once.
Baies de genièvre,	une once.
Tabac noir,	une once.

Réduisez le tout en poudre, pour en faire, avec de la farine et de l'eau, une pâte, dont vous ferez prendre trois fois par jour une bonne cuillerée à l'animal, quelque temps avant ses repas; mêlez ensuite à sa boisson quelque peu de marc de graine de lin; maintenez-le dans une bonne nourriture et un exercice modéré au grand air. Les carottes sont toujours très-bonnes dans l'état maladif des chevaux.

Des Coliques d'estomac ou Indigestions.

Il arrive souvent, lorsqu'un cheval est resté long - temps sans manger, soit au travail ou par négligence, qu'il se jette avec voracité sur les alimens, si l'on n'a la précaution de ne les lui présenter que peu à peu ; cela arrive aussi quand il mange ayant trop chaud ou qu'il boit de l'eau de puits, ce qui a lieu souvent dans les auberges.

Le cheval gémit, est inquiet, se tourmente et se roule. Prenez alors deux poignées de sel gris que vous ferez dissoudre dans une bouteille d'eau chaude, et faites-le boire ainsi tiède en lui levant la tête et lui introduisant, à plusieurs reprises, le gouleau de la bouteille entre les crochets et les mâchelières, afin qu'il ne puisse le broyer avec ses dents.

Ce remède est souverain.

Des Blessures.

Il n'est pas de meilleur moyen de séche et cicatriser promptement les blessures provenant du harnois, de la selle ou d'un frottement quelconque que de les bien laver d'abord avec de l'eau et du vinaigre, et de les barbouiller ensuite avec la solution suivante :

Poudre d'alun, une cuillerée à soupe, un blanc d'œuf.

Battez le tout jusqu'à ce qu'il fasse mousse, et couvrez-en la plaie.

Lorsque les blessures provenant de coups ou d'instrumens tranchans ont lieu dans des parties délicates, le garot par exemple, et qu'elles prennent un caractère grave, il faut avoir recours aux gens de l'art.

Du Farcin.

Le *farcin* est encore une des maladies les plus dangereuses du corps ; il se reconnaît à une quantité plus ou moins grande de boutons dont aucune des parties du cheval n'est exempte, et qui rentrent dans la catégorie des pustules contagieuses. Lorsque ces symptômes sont en petit nombres et benins, cette maladie se traite comme la gale et disparaît. Il est pourtant des opérations à faire pour lesquelles il convient d'appeler le vétérinaire. Cette maladie, prenant un caractère de gravité, est tout aussi intraitable que la morve, et demande les mêmes précautions.

Pour toutes les maladies de ce genre la surveillance de la police est aussi essentielle que les précautions des propriétaires pour en arrêter autant que possible la propagation. Il serait à désirer qu'une personne fût autorisée à y veiller dans chaque commune ou village ; ce serait une surveillance comme celles des gardes champêtres, dont on pourrait investir un agriculteur expérimenté ou un maréchal expert, et dont les fonctions seraient de tenir la main à la stricte exécution des mesures sanitaires ordonnées par le gouvernement.

De la Pousse.

La *pousse* n'est point une maladie contagieuse, mais elle est justement regardée comme héréditaire ; c'est la pulmonie chez les hommes. On doit se garder de faire servir à la propagation les animaux qui en sont atteints. Cette maladie est trop connue pour qu'il soit besoin d'en détailler les symptômes, attendu qu'elle est incurable lorsqu'ils sont assez apparens pour qu'on les aperçoive. Cependant, comme il est une foule de moyens que le charlatanisme et la fourberie emploient pour les faire disparaître pour un temps plus ou moins limité, je regarde comme un devoir de prévenir contre **eux** les personnes peu exercées qui pourraient en être victimes. Lorsque la courte haleine d'un cheval, la maigreur, quelque toux ou le rétrécissement de son flanc vous donnent quelques doutes sur le bon état de ses poumons, exigez du marchand qu'il vous le laisse trotter un bon quart d'heure, puis renfermez-le dans une écurie, et ne l'allez voir qu'une heure après. Si à ce moment le flanc est encore agité, et si vous y remarquez une réaction saccadée, c'est-à-dire un double mouvement dont l'un soit plus court que l'autre, ne l'achetez pas.

CHAPITRE XV.

Maladies des Jambes.

Je me contenterai d'en donner ici la no-
menclature, et d'en indiquer les symptômes,
afin qu'ils ne soient point étrangers aux propriétaires de chevaux qui n'ont pas une connaissance parfaite du maquignonage. Hors
les crevasses, il n'en est pas qui puissent se
traiter sans le secours du vétérinaire. J'indiquerai donc d'abord le remède à appliquer à
celle-ci afin de n'y pas revenir.

Des Crevasses.

On appelle en général crevasses des ger-
çures qui viennent aux articulations, et qui
sont l'indice d'une humeur âcre dans l'animal; celles qui se manifestent au pli du genoux se nomment *malandres*; celles qui viennent au pli du jarret reçoivent le nom de
solandres, et l'on conserve celui de crevasses
à celles qui viennent sous le paturon. Ces dernières sont les moins dangereuses, en ce

qu'elles résultent souvent de causes exté-
rieures, comme d'avoir marché long - temps
dans la boue ou dans la glace. En ce cas, le
repos et quelques frictions de l'onguent suivant suffisent pour les faire disparaître.

Prenez : Savon noir, deux onces;
Populéum, deux onces;
Beurre frais, deux onces;
que vous mêlerez bien ensemble sans cuisson,
et frottez-en tous les jours matin et soir la
plaie jusqu'à parfaite guérison.

Pour les malandres et solandres, elles ont
presque toujours besoin d'un traitement interne qui force à avoir recours au vétérinaire.

Du Suros.

Le *suros* est une tumeur dure qui ne produit souvent aucune douleur, et qui croît sur
la surface du canon, quelquefois des deux
côtés; alors on le nomme *chevillé.* Lorsqu'il
ne vient pas de manière à gêner les nerfs ou
les articulations, il est sans conséquence et
ne demande aucun remède. Il provient le plus
souvent d'un coup; quelquefois il est causé
par des maladies internes; alors il est plus
dangereux en ce qu'il s'attache particulière-

ment aux parties sensibles des extrémités, et
finit par estropier le cheval.

De la Molette.

La *molette* est une tumeur molle qui paraît
autour du boulet après de trop grandes fatigues ; elle est remplie d'une eau rousse qu'il
faut bien se garder de faire sortir en en per-
çant l'enveloppe si l'on n'a pas une main habile. Souvent elle ne cause aucune douleur
au cheval ; mais elle le dépare, et peut à la
longue le faire boîter, surtout si elle est adhérente aux nerfs ou *chevillée*, ce qui se dit
dans le même cas où cette expression s'adopte
au *suros*.

Du Ganglion.

Le *ganglion* est une autre espèce de molette qui vient à la même place que celle-ci,
mais dont la substance n'est pas la même ; la
tumeur a plus de consistance en ce qu'elle
contient une matière glaireuse nommée *sino-
vie*, qui sert à faciliter le jeu de l'articulation,
et dont l'épanchement a lieu lorsqu'un travail trop fort a occasioné le déchirement de
son enveloppe. La meilleure manière de guérir toutes ces maladies est l'application du feu,
qu'on ne doit jamais redouter sur un bon

cheval auquel on tient. On dit improprement
que tels poulains sont nés avec des molettes,
cela est faux : la molette n'est point héréditaire, et n'est que le résultat d'efforts particuliers à l'animal qui en est atteint ; mais il peut
l'être à tout âge.

De l'Eparvin.

L'*éparvin* est une tumeur dure et osseuse
qui se manifeste à la partie interne du jarret
sur son emboîtement avec l'os du canon ; il
occasione souvent la paralysie de la jambe en
ce que les tendons en sont gênés par le frottement continuel qu'ils éprouvent contre le
gonflement qu'il opère.

Pour reconnaître l'éparvin avant qu'il soit
caractérisé par ses conséquences, il faut être
bien au fait de la conformation d'un jarret, ce
qui ne s'acquiert que par de fréquentes observations. La connaissance de cette maladie
est d'autant plus importante qu'elle est héréditaire.

Du Vessigon.

Le *vessigon* est une tumeur molle dont le
siége se trouve dans l'espace existant entre le
tendon et la pointe du jarret à l'extrémité su-

périeure et au-dessus de son articulation avec
le canon; elle ne produit ordinairement aucune douleur au cheval, mais elle le dépare.
Les chevaux montés trop jeunes y sont sujets,
ainsi que ceux placés dans des écuries trop
en talus, ce qui donne une trop forte exten-
sion aux extrémités postérieures. Cette tumeur est mouvante et difficile à guérir; il arrive pourtant que le repos seul y parvient :
on la reconnaît lorsqu'en pressant avec le
doigt l'un des côtés où elle est apparente, elle
le devient davantage sur la face opposée.

De la Courbe.

La *courbe* est une tumeur longue et dure,
adhérente à la partie interne du jarret, et qui
occasione souvent douleur et gonflement
jusqu'au pied. Cette tumeur peut être comparée au ganglion, en ce qu'elle provient des
mêmes causes produites par un excès de travail chez les trop jeunes chevaux; ceux long-
temps attendus en sont rarement atteints.

De la Jarde.

La *jarde* est une tumeur dure et douloureuse qui devient quelquefois si étendue
qu'elle embrasse tout le jaret. Cette maladie

vient plus bas que la *courbe*, et commence par le dehors du jarret. Elle est regardée comme héréditaire.

Du Capelet.

Le *capelet* n'est pas dangereux lorsqu'il est pris de bonne heure ; c'est une grosseur qui survient à la pointe du jarret, et qui est occasionée ordinairement par un frottement contre quelque corps dur ; il ne faut pourtant pas le négliger, car le cheval qui en serait atteint depuis long-temps serait sujet à de grandes faiblesses de jarrets. Il faut avoir peu de confiance dans tous les dissolvans qu'on prescrit pour les tumeurs ci-dessus désignées. Le feu est le seul bon remède.

De la Forme.

La *forme* doit être considérée comme un mal héréditaire, quoiqu'il y ait quelques exceptions ; c'est une grosseur qui survient à la couronne, et qui absorbant tous les sucs nourriciers qui se portent dans le pied et la corne, les en prive en s'accroissant au point d'estropier le cheval. Cette maladie veut être arrêtée dès son principe ; le traitement en est long et difficile, et souvent incomplet.

De l'Atte'nte.

Il arrive souvent parmi les chevaux marchant en troupe que ceux qui sont en arrière atteignent de la pince de leurs pieds
de devant le talon de ceux qui sont devant
eux ; de là résultent parfois des blessures que
l'on nomme généralement *atteintes*. Leur
cause doit démontrer aux cultivateurs qu'il
est dangereux de ferrer de trop bonne heure
les poulains qui vont en troupe au pâturage ;

est des chevaux qui se donnent eux-mêmes
des atteintes aux pieds de devant avec ceux
de derrière. Lorsque l'atteinte est légère elle
se guérit d'elle-même avec de la propreté ;
mais si elle est forte ou *encornée*, ce qui se
dit lorsqu'elle dégénère en ulcère, dont la
matière s'épanche dans le sabot, elle peut
donner lieu aux accidens les plus graves.

Souvent l'atteinte n'est suivie que d'une
contusion sans plaie ; elle n'en est quelquefois
que plus dangereuse en ce qu'elle produit ce
qu'on nomme un *javard*. Ce mal est précisé-
ment ce qu'on nomme chez les hommes un
panaris, ou mal d'aventure. Son siége est
depuis le haut du boulet jusqu'au talon, et

même quelquefois tombe dans le sabot jusqu'à la pince. Il peut provenir cependant
d'autres causes, telles que d'un dépôt de
gourme, du séjour d'ordures dans le paturon.
Ce mal, dont il est plusieurs classes, peut
avoir les conséquences les plus funestes. On
en a vu occasioner le desséchement d'une
jambe jusqu'à la hanche.

De la Fourbure.

La *fourbure* proprement dite est l'affaiblissement des jambes du cheval provenant de la
décomposition du sang. Cette maladie a deux
causes : la fatigue et l'excès de nourriture. Un
cheval peut aussi devenir fourbu en restant
trop long-temps à l'écurie s'il mangeait trop
d'avoine. Les chevaux qu'une boiterie force à
rester trop long-temps sur une jambe deviennent fourbus, de même que ceux qui prennent un vert trop échauffant.

Le cheval atteint de cette maladie a ordinairement les oreilles froides ; ses jambes deviennent enflées ; il tire sur sa longe, et si
l'on veut le porter en avant il reprend immé-
diatement la même position. La saignée est le
premier remède à appliquer à cette maladie.

De l'Encastelure.

L'*encastelure* vient d'une mauvaise conformation du pied, quelquefois aussi d'une ferrure vicieuse.

Dans le premier cas elle est héréditaire. Les talons sont trop rapprochés; le petit pied est serré dans le sabot, ce qui, produisant l'effet d'un soulier trop étroit, fait quelquefois boiter le cheval toute sa vie.

Dans le second on y remédie en rectifiant la ferrure.

Les pieds encastelés sont sujets aux maladies suivantes:

De la Seime.

La *seime* est une fente qui s'étend sur les quartiers ou côtés du sabot depuis la couronne jusqu'au fer, et par laquelle s'échappe parfois un suintement de sang lorsque le cheval est fatigué. L'humidité est un soulagement, quelquefois un remède : il est donc bien d'envelopper le pied malade dans une pantoufle garnie de fiente de vache.

De la Bleime.

La *bleime* est souvent occasionée par une encastelure négligée; c'est une inflammation occasionée intérieurement par la pression du fer ou de la corne. Si l'on n'y remédie promptement, il s'établit une suppuration à la partie meurtrie, et les conséquences deviennent les mêmes que celles du javard le plus compliqué.

Toutes les maladies en général, et particulièrement celles dont je viens de parler, ayant pour causes premières le défaut de soins, l'indifférence qu'on apporte malheureusement à la nourriture des chevaux, et surtout la malpropreté, je ne saurais trop appeler l'attention de mes lecteurs sur ces trois points principaux. Qu'ils se persuadent bien que les maux sont très-faciles à prévenir, et fort difficiles et coûteux à guérir, et qu'ils en feront l'expérience en suivant autant que possible ces règles que je n'ai publiées qu'après en avoir éprouvé moi-même l'efficacité sur les élèves que j'ai faits.

Il me reste à parler de deux points d'amélioration tout aussi essentiels que ceux que je viens de traiter.

Le premier est le peu d'importance que les agriculteurs, rouliers, postillons, et toute la classe enfin qui conduit des chevaux de trait attache à la manière dont ils sont attelés et harnachés. Les harnais communs sont, en général, trop lourds et trop chargés de fer et de matières. On pourrait les faire beaucoup plus légers en leur conservant la même solidité; ils n'en seraient que moins coûteux. Leurs colliers sont généralement lourds et mal faits, les sélettes de limonier sont des fardeaux suffisans pour faire plier les reins à un jeune cheval; d'énormes bridons surchargent la tête des chevaux; il y a tels harnais de charrettes qui défigurent le cheval à tel point qu'à peine peut-on le reconnaître. Tout cela le gêne dans sa marche, rétrécit ses mouvemens et l'échauffe. Il ne peut y avoir de règlement qui prescrive aux bourreliers telle ou telle forme de harnais; mais dans un siècle éclairé comme le nôtre, où tout marche vers le mieux, où chaque pas est marqué par un perfectionnement, c'est au goût et au génie des gens qui ont des chevaux, qui les aiment, qui s'en servent, qu'on doit en appeler pour tous les genres d'amélioration en ce qui les concerne.

Le second, dont j'ai à entretenir mes lecteurs, est bien d'une autre importance; c'est celui des mauvais traitemens que l'homme fait subir tous les jours à la créature la plus utile qu'il ait à sa disposition. Est-il rien de honteux et de dégradant comme l'état de fureur dans lequel on le voit trop souvent contre un être qui lui est tout dévoué, et dont il a si bien calculé l'esclavage qu'il ne reste à ce malheureux animal d'autre moyen de défense que sa soumission.

Les chevaux traités avec douceur font souvent des prodiges de force et d'adresse. Il n'est pas rare de voir un cheval attelé à une lourde voiture se détourner de son propre mouvement de l'obstacle qui se trouvait sous la roue. J'en ai vu qui, arrêtés souvent par le choc d'une pierre ou d'un mauvais pas, tournaient la tête en arrière pour reconnaître la difficulté et l'éviter sans le secours du fouet ni de la voix de leur maître. On s'attacherait davantage à ces nobles animaux si l'on relisait souvent le premier paragraphe de leur article par M. de Buffon. Je crois ne pouvoir mieux terminer cet ouvrage qu'en transcrivant ce fragment sublime :

« La plus noble conquête que l'homme ait » jamais faite, dit M. de Buffon, est celle de

» ce fier et fougueux animal qui partage avec lui
» les fatigues de la guerre et la gloire des com-
» bats. Aussi intrépide que son maître, le che-
» val voit le péril et l'affronte ; il se fait au
» bruit des armes, il l'aime, il le cherche, et
» s'anime de la même ardeur ; il partage aussi
» ses plaisirs ; à la chasse, au tournois, à la
» course, il brille, il étincelle ; mais docile
» autant que courageux, il ne se laisse point
» emporter à son frein ; il sait réprimer ses
» mouvemens : non-seulement il fléchit sous
» la main de celui qui le guide, mais il semble
» consulter ses désirs, et, obéissant toujours
» aux impressions qu'il en reçoit, il se préci-
» pite, se modère ou s'arrête, et n'agit que
» pour y satisfaire : c'est une créature qui re-
» nonce à son être pour n'exister que par la
» volonté d'un autre, qui sait même le pré-
» venir ; qui, par la promptitude et la précipi-
» tation de ses mouvemens, l'exprime et
» l'exécute ; qui sent autant qu'on le désire, et
» ne rend qu'autant qu'on veut ; qui, se livrant
» sans réserve, ne se refuse à rien ; sert de
» toutes ses forces, s'excède, et même meurt
» pour mieux obéir. »

FIN.

TABLE DES CHAPITRES.

FIN DE LA TABLE.

ERRATUM.

Page 50, ligne 17, éparviers; *lisez :* éparvins.

www.ingramcontent.com/pod-product-compliance
Lightning Source LLC
Chambersburg PA
CBHW071856200326
41519CB00016B/4411